THINKING TRAP
How to Break Through
Cognitive Limitations

思维陷阱

如何突破认知局限

[德]赫尔曼·谢勒 著

蒋煜恒 译

中国友谊出版公司

图书在版编目（CIP）数据

思维陷阱 /（德）赫尔曼·谢勒著；蒋煜恒译. —
北京：中国友谊出版公司，2021.11（2022.2重印）
 ISBN 978-7-5057-5329-7

Ⅰ. ①思… Ⅱ. ①赫… ②蒋… Ⅲ. ①思维形式－通俗读物 Ⅳ. ①B804-49

中国版本图书馆CIP数据核字(2021)第192602号

著作权合同登记号　图字：01-2021-6163

Published in its Original Edition with the title
Denken ist dumm: Wie Sie trotzdem klug handeln
Author: Hermann Scherer
By GABAL Verlag GmbH
Copyright © GABAL Verlag GmbH, Offenbach
The simplified Chinese translation rights arranged through Zonesbridge
Agency. Email: info@zonesbridge.com

书名	思维陷阱
作者	[德]赫尔曼·谢勒
译者	蒋煜恒
出版	中国友谊出版公司
发行	中国友谊出版公司
经销	新华书店
印刷	天津丰富彩艺印刷有限公司
规格	880×1230毫米　32开
	6.5印张　130千字
版次	2022年1月第1版
印次	2022年2月第2次印刷
书号	ISBN 978-7-5057-5329-7
定价	45.00元
地址	北京市朝阳区西坝河南里17号楼
邮编	100028
电话	（010）64678009

版权所有，翻版必究
如发现印装质量问题，可联系调换
电话　（010）59799930-601

目录 CONTENTS

001　第1章　发现思维盲点

1.1 影响我们察觉的大脑　　003
1.2 受蒙蔽的大脑　　006
1.3 心理认知反应　　009
1.4 改善认知决策能力　　012
1.5 思维界限决定决策能力　　015

017　第2章　如何避免认知局限影响判断

2.1 被锚定植入的信息　　019
2.2 可调取使用的知识　　023
2.3 寻找黑天鹅　　026
2.4 框架背景在起作用　　030
2.5 避免多余的选择　　033
2.6 事实的力量　　035
2.7 打破固有思维模式　　041
2.8 正确答案不止一个　　045
2.9 下意识的行为　　049

第 3 章　拥有可以测量思考维度的标尺　053

3.1 思维阻滞　055
3.2 用行动替代反复考虑　058
3.3 信念取代逻辑思考　061
3.4 常见的六种逻辑错误　066
3.5 对自我校准的必要性认知　073
3.6 脱口而出，还是谨慎发言　079

第 4 章　中奖号码和对损失的害怕　087

4.1 相对性有助于做出决定　089
4.2 减少损失　092
4.3 不应被考虑的沉没成本　094
4.4 思维中的对比陷阱　097
4.5 可疑的损失最小化　100
4.6 情感体验对决策的影响　105
4.7 决定是内心的投射　108
4.8 展望：理论和实践　111

第5章　我们是如何掉入陷阱的 — 115

5.1 错误估计　117
5.2 计算风险也是相对的　120
5.3 牌桌上的乐观主义　123
5.4 重复推导，降低风险　127
5.5 冒险者的游戏　132
5.6 换一种选择　137
5.7 法庭上的专家　142
5.8 与数字打交道　147
5.9 不同角度的表述呈现　151

第6章　错综复杂的逻辑 — 155

6.1 欢迎来到洛豪森市　157
6.2 关于复杂系统　160
6.3 冷藏室、绵羊和鬣狗　164
6.4 控制错觉和阴谋论　168
6.5 弹道式行为和逃离行为　171

6.6 明智地解决问题　　　　　　174
6.7 不断更新基本印象　　　　　179
6.8 吃一堑，长一智　　　　　　182

附录 A

马克斯·巴泽曼的对照清单　　　187
迪特里希·多纳的对照清单　　　191
斑马谜题答案　　　　　　　　　193
赤道圈答案　　　　　　　　　　194

致谢　　　　　　　　　　　　195

第 1 章

发现思维盲点

闵斯特伯格 - 视觉误差:
图中的是平行线还是弯曲线?

闵斯特伯格 - 视觉误差

  这些水平线条是平行的,但由于黑白方格的布局,线条看起来像是弯曲的。1874 年,这一视觉误差由德裔美国科学家、工业心理学创始人之一的雨果·闵斯特伯格发现。20 世纪 70 年代,英国心理学家理查德·格雷戈里在一家咖啡馆的瓷砖墙面上发现了此图样,并以"咖啡馆视觉误差"的命名为大众所知。

1.1 影响我们察觉的大脑

"我们察觉到的所有事物，都是大脑解读后的结果。"图宾根马普所所长海因里希·布尔特霍夫说。我们思维和行为的宽度被我们没有察觉的事物所限制，由于我们并不知道我们没有察觉此物，所以我们似乎就无法做出改变。在这样棘手的情况下，本书精选了典型的事例给予读者帮助，并将帮助读者更有意识地、目标更清晰地在日常生活中找到方向，并且找到认知的盲点。

"请你一定注意，数出白队的传球量！"笔者在讲座上给出了这个指令，并给听众播放了一段23秒的影片。这段影片是丹尼尔·西蒙斯与伊利诺依大学香槟分校的球队队员构想拍摄的。从影片中可以看到，身着黑色和白色队服的各三名球员相互扔一个篮球。于是，观众总是非常积极地数着，最后给出结果，但这并不是重点。笔者问观众，有没有发现什么特别之处，有超过90%的人都给出了否定回答。随后，笔者再次播放影片，并不再布置数数的任务。这一次，所有人都看到了一只大猩猩，其实也就是一位穿着猩猩服饰的粉丝，不紧不慢地走到球员们的身边，侧身对着镜头捶胸，然后慢悠悠地走开，时长达五秒之久。这个实验说明："盲目的观察者们"直接注视了这个人物一秒钟，但并没有真的察觉到他。

有一些重要的东西人们看不到，尽管这些东西就在人们的眼前，这一现象令很多人感到惊讶。同时，在日常生活中，我们对此并不陌生。我们看不到眼前有许多树的森林，寻找架在我们鼻子上的眼镜。其中，最经典的例子是丈夫没有发现妻子新换的发型。相比这个好笑的例子，当妻子提出离婚时人们就笑不出来了，因为妻子多年来一直都在徒劳地尝试说出自己的不满，而丈夫对此却一无所知。

有一个小测验可以表明我们看到的实在太少，甚至有时，我们可以让自己的大拇指消失，现在就来尝试一下吧。伸出你的双臂，大拇指朝上。现在闭上一只眼睛，把另一只眼睛的视线固定在相对的大拇指的指甲上。一只大拇指固定不动，另一只大拇指移开。当你的视线到达一定角度时，移动的大拇指就消失于背景中，和壁纸融为一体。手指到眼睛的直线结束在盲点区域。

17世纪中叶，盲点这一概念才被提出，此前数百万年，我们的祖先都对此毫无所知，而现在在日常生活中仍是如此。物理学家、哲学家海因茨·冯·福尔斯特描述这一事实时说，"我们并不知道我们都看不到什么。"盲点之所以被称为盲点，是因为大脑在盲点区域不从视网膜获得任何信息。此处有视神经纤维通过，没有位置留给视细胞。不过人们不会看到一个洞，因为大脑会将缺少的信息填充为不受影响的视觉效果，只是偶尔会在此产生视觉错误。

1.2 受蒙蔽的大脑

这些具有视觉欺骗性、令人惊讶的插图，谁又不知道呢？正如本章开头的那个图例一样，那些线条看起来弯曲倾斜。如果我们去测量一下就会发现，所有线条都精确地平行。视觉误差的影响在于，我们用一把尺子就能揭示的误差，我们的眼睛却欺骗了我们。令人惊讶的是，当我们把尺子放到一旁时，我们的视觉又会重新陷入被欺骗的状态中。可以说，我们在上一分钟里什么都没学到。要树立起线条平行的印象，实际上是不可能的，我们的直觉一次又一次欺骗着我们，尽管我们知道它是怎么回事。

看见事物，是我们最擅长的事情之一。我们大脑中一个重要部分专为视觉服务，相比其他任何行为都有着更多的大脑灰质。然而，如果我们在视觉方面、一个我们如此擅长的领域里都存在这类重大失误，那么，我们在其他不擅长的领域里出现更大失误的概率有多少呢？在那些我们没有天赋的行为上，在大脑中没有专门掌控领域的行为上，比如在财务决断上呢？在这些领域，我们很有可能比想象中犯更多错误，并且可能还不自知。相较于视觉误差的欺骗性，认知的欺骗更难以揭露。因此，我们来看看本书中的一些决策错觉，专家将其称为认知曲解。

1970年，《财富》杂志列出的500强企业中约有三分之一的公司如今还作为独立企业存在。1982年，企业顾问汤姆·彼得斯在其著作《追求卓越》（*Striving for Excellence*）中描述了43家杰出的美国公司，五年后，仅有其中三分之一的公司仍称得上杰出。大部分被高度赞扬的企业都失去了其独特的优势地位，这些公司中三分之二都失去了行业"领头羊"的地位。每一天，我们都能在媒体上看到曾经叱咤风云的企业失势的消息。这些企业要么忽略了市场发展规律和明显的警示信号而被市场淘汰出局，要么就是由于重大的决策失误而导致自食其果。

目前图书市场上充斥着各种指导类型的书籍，其中包含决策指导、成功秘诀和推荐模仿等类型，而本书选择的是另一条路径。在本书中，你可以自我检验你的思维是如何运转的，根据视觉和其他的误差、思维训练任务和出自研究实践的清晰事例，从旁检验你的决策能力。从中，你也会获取许多乐趣。

1.3 心理认知反应

2002年，诺贝尔经济学奖被授予给丹尼尔·卡尼曼和弗农·史密斯。卡尼曼的成功在于把经济学与心理学巧妙地结合在一起。长久以来，经济学研究与人类行为的研究都是完全被分隔开的两个世界。经济学家们从"经济人假设"这一理想类型出发，认为人的决定都出于对客观成本的收益分析。此外，心理学家强调了人类情绪化，他提出下面这个看似简单的问题作为引言。

一根棒球棍和一个球共计1.10欧元[1]。球棒比棒球贵1欧元。请问棒球多少钱？

1　1欧元等于100欧分。

你认为这个问题很简单吗？几乎所有听到这个问题的人都出于直觉快速给出答案，棒球为10欧分（0.1欧元）。给出这个答案的其中还包括了普林斯顿和哈佛大学的大部分学生，几乎所有人都给出了这个答案。但是，这个答案是错误的。事实上，棒球只值5欧分。如果棒球的价格是10欧分，那么球棍的价格就是1.10欧元，因为它比球贵1欧元。那么总价就是1.20欧元而不是1.10欧元。我们大脑中的某些质地会引导我们，对诸如此类看起来如此简单的问题出于直觉给出错误的答案。

麻省理工学院的心理学家谢恩·弗雷德里克把这个问题与另外两个问题一起设置成一道认知反应测试，并让3500个大学生来回答。

> 在一个湖里生长着睡莲，每一天睡莲覆盖的面积都会翻倍。48天以后，水面就被睡莲完全覆盖了。那么，到睡莲覆盖一半湖面，需要多长时间？

答案：47天

在这个问题中，我们无法精确计算出睡莲生长的指数。不过人类却是推断等量过程的专家，如果我们看到一辆汽车一秒内向我们驶来的距离,那我们就能很好地估算出我们是否能够及时到达街的对面。

> 5台机器5分钟内能生产5辆玩具车。100台机器生产100辆玩具车,需要多长时间?

答案:5分钟

这三个问题很狡猾。虽然绝大多数受试者都是来自美国精英大学的学生,但只有17%的受试者全部答对。三分之一的人甚至三道题都答错了。正确的关键不在于大学生们的数学天赋,而在于他们对直觉答案进行批判性反思的能力。这一特质也影响着其他能力的发挥。相比其他同学,能三道题全答对的大学生可以在风险评估和智力测验中获得更高的分数。

1.4 改善认知决策能力

为了理解我们如何下意识地被精细过程所影响，此处给出一个简单的任务，请你快速回答下列问题。

医生大褂是什么颜色？
雪是什么颜色？
北极熊是什么颜色？
奶牛喝什么？

大多数人回答最后一个问题时会脱口而出：牛奶。我们当然知道，奶牛不喝牛奶，而是喝水。但经过前面几个问题，这一答案就已经脱口而出，大脑内部的自动反应机制被激活了。

如果能退后一步，反思一下自己冲动的决定，就能轻松解决这样的问题。这一能力在智力测验里不会被测试，但像心理学教授丹·艾瑞里和加拿大心理学家基思·斯坦诺维奇这样的研究者认为，它与传统理解的智力一样重要，大多数人都是"认知吝啬鬼"，我们会选择第一个想到的答案，而其他各种可能性只会让我们很不情愿地去权衡。好消息是，只需要一些简单的练习，就能改善我们的认知和决策能力。

许多最严重的决策失误都是由于无法事先预判造成的。在国际象棋中，走一步看一步的棋手面对那些超前思考的对手，往往只有输的地步。因为只解决一个孤立的问题，常常会引发新的问题，有时候甚至会产生其他糟糕的问题。

相应的措施是非常浅显易懂的，那就是让自己多想几步。请回答下面几个问题。

下一步会发生什么？

再下一步会发生什么？

接下来，再下一步会发生什么？

通过这种提问方式，你就能拓宽自己的思维广度。领导人群有一个重要的成功标准，即思考行为后果的能力。博弈论和系统性思考激励着我们，把对这些问题的思考变成固定的思维习惯。

批判性思维是对"思考事业"的深入思考,是对我们人类如何思考而进行的思考。我们思考的大部分时间是自发进行的,而批判性思维却是可控的、系统性的,它是我们继续发展的动力。我们最好是在日常生活中去锻炼这一分析机能。要经过反复不断、随时随地的训练。然后,当我们要做人生岔路口的决定时,才能手持工具、游刃有余。

在过去30年的时间里,大量增长的实践证明了一个猜测,即大多数人通常既不理性也不客观。这是一个多数人通过亲身经历都能明白的道理。然而,研究结果还揭露出一些我们观察盲区的现象,我们的判断能力倾向于缺乏系统性,具体来说就是缺乏预见的系统性。人们在预测时是不理性的。我们主观以为简单的决策都已经超出了自己的能力范围。值得警醒的是,我们通常对此毫不知情。当我们认为自己在做出理性判断和理性行为时,我们头脑里的无意识过程在往完全相反的方向发展。

1.5 思维界限决定决策能力

近百年来，人类如何解决问题是一个重要的课题（同时，动物如何解决问题也是人们的研究课题）。20世纪60年代以来，大量精心设计的实践研究证明了我们决策中最重要的机制。一些研究领域致力于教育家和科学家的行为研究，也有对用户的研究。20世纪80年代，通过模拟实验，证实了人们如何对待复杂问题的处理过程。

在过去的10年里，出现了比之前几百年更多的大脑及其功能研究。过去15名诺贝尔医学奖中有11名神经学家获得，仅在1990~2000年间，美国在大脑研究方面就投资了近10亿美元。有了对大脑、心理学和神经经济学的研究成果，才有可能在客观分析的基础上描述和展示我们思维中许多无意识进行的判断和行为。

在接下来的内容中，你可以自我检测，无意识简化、大脑自动导航机制开启、思维陷阱和感知误差是如何把我们引入歧途的。乍一眼看上去,这些经典的行为认知检验都非常浅显,但大多数受试者却很难给出正确答案,其中的原因不在于智力的缺乏,而是理解问题的结构思路。这些问题通常经过特意设计,使我们大脑用于处理问题的惯用思维,在这里派不上用场。

本书在接下来的章节中,将带领读者从根本上、趣味性地辨识日常生活中典型的认知错误、思维陷阱,帮助读者认知如何正确看待盈利和损失,如何处理数字和概率,如何运用复杂的系统。每章都由几个部分组成,这些部分都适合用来重新颠覆读者对人类大脑运转机制的认知;每章的最后都会展示在定向框架下令人震惊的研究成果。你将会看到,有意识地注意到自己的直觉会犯错,能在任何情况下都对自己有所帮助。

谁能认识到自己内部的自动导航机制,谁就能真实评估自己的思维界限,谁就能极大改善自己的决策能力。

第 2 章

如何避免认知局限影响判断

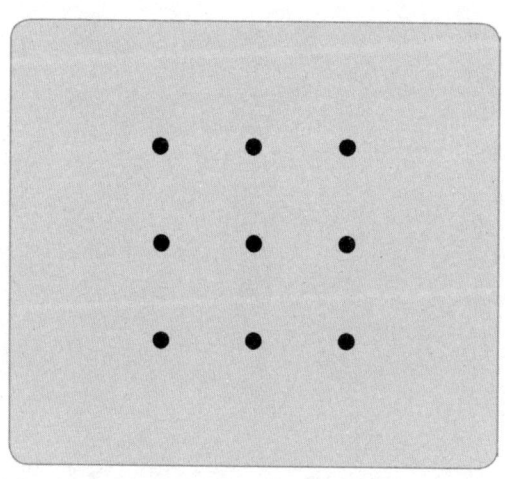

九点图：请用 4 条直线把这 9 个点连起来，
要求不能中断直线，不能重复路线。

九点图

　　此图首次发表在一本谜题集中，20 世纪 20 年代升级为格式塔心理学的一个标准示例，这个图形模式会压缩人们的视线范围。当人们从这些看似邻近点之间的连线中脱离出来，从更远的距离去观察这个边框时，才会找到最佳答案。

2.1 被锚定植入的信息

一家计算机公司新雇了一位年轻的工程师,他有多年的工作经验和良好的专业素质。如果你询问一位女员工(她对这个职业和领域所知甚少)这位新同事的底薪可能会是多少,女员工估值是年收入23000欧元。你对此的估值会是多少呢?

答案:这个问题尤其于你直接使用提供的数字,而在于这个你已经察觉到你心中的值对你有多大的影响。

我们获得信息的顺序,会影响我们的判断。所谓的锚定效应就是已知数值对估测数值的影响,这在我们日常生活中是非常普遍的,许多人都遇到过这种情况。当开始输入一个电话号码或密码时,才会想起剩下的数字。此处也是大脑内部的"自动导航"机制在起作用。第一印象的力量甚至可以覆盖面试谈话的内容。如果一个信息已经锚定植入，我们通常就不会再根据不同的情况接收新的或更重要的信息。

20世纪70年代，丹尼尔·卡尼曼组织了一个经典实验，虽然实验效果像是一个马戏团的节目一样，但每一次都发挥了作用。在提出一个问题之前，先转动一个幸运转盘，转盘上的数字会停在1~100之间，参加实验者要回答出如百分之多少的非洲国家是联合国成员。如果此前转盘转到的数字是30，那么后面估计的数字就在20%~40%之间。如果转盘转到的是80，那受访者就会猜70%~90%之间。

也许很多人连到底有多少非洲国家都不清楚，它们当中有多少国家加入了联合国，我们也许到目前为止还没有想过，所以大部分人都是猜的。不过，幸运转盘效不仅仅应出现在实验者不熟悉的领域，它同样也会出现在那些运用专业知识的专家身上。有一位研究的受访者是房地产中介，通过在提出价格的问题中偷偷加入一些数值，使他们最后对一处地产做出的估值受到确实可证的操控。不仅如此，由芝加哥大学的爱德华·乔伊斯和白国礼对成熟的资产审计师进行的实验，也证实了转盘效应的真实性。

乔伊斯和白国礼对第一组受试者提出了以下两个问题。

1. 根据你的财务审核经验,在大型会计师事务所之一审核的1000家公司中,是否有超过10家公司会出现企业管理层或主管经理层的重大诈骗案例?

2. 在企业管理层或主管经理层发现有重大诈骗案例的大型会计师事务所中,你估计其客户的比例有多高(以1000家公司为基准)?

给第二组提出的问题只在一处细节中有出入,即第一个问题中的"1000家中超过10家"替换为"1000家公司中是否超过200家公司"有诈骗行为,最后结果呢?第一组回答第二个问题时给出的平均数值是17‰,第二组的平均数值为43‰。

这个研究表明,思维是很容易被锚定植入的,即使植入的信息不重要或是明显错误的。这对人们日常生活来说意味着什么呢?请你仔细想想,影响你思维的锚定信息是什么,如何才能避免被那些可能影响你判断的不重要的信息植入。通过仔细观察,在会议中,你会聚焦在哪些事物和数字上?有意识地去寻找你的预估和谈判差价的原因,去观察对比数值,来减轻甚至避免影响你的错误的锚定信息。

锚定效应不仅受限于猜谜游戏、房地产价格预估和客户谈判。心理学家比尔特及其维尔兹堡大学的团队发现,根据德国诉讼程序的顺序,会先让检察官做总结陈词,这可能会对被告方产生不利影响,检控方提出的惩罚尺度作为决定性的锚定信息也会影响到法官的判决。

英国决策研究者曼迪普·达米和彼得·艾顿研究了陪审团的行为。英国法庭的陪审团必须决定,嫌犯是否继续关押(可能在一定保释的条件下)或自由出入直到实际审讯期。陪审团承担极大的责任并承受巨大的时间压力,他们非常肯定并秉持职责地表明,在做出决定之前会逐一检查每一个细节。要检查的信息包含嫌犯的性别、年龄、社会关联、若干所属团体、罪行的严重程度和犯罪数量以及较早前的判决,当前案件的审理状况也在检查之列。实际的判决会根据以下简单的规律进行评估,命中率高达92%。检控方如果要求继续关押或保释嫌犯,陪审团则会做出相应的判决。如果没有这类预先要求,陪审团会以先前程序中是否施行了关押或保释作为参照。如这类信息也不存在,他们就会回翻警察记录中的情况说明。

2.2 可调取使用的知识

下列哪个选项每年会造成世界上更多的死亡？

（1）鲨鱼

（2）椰子

答案：2003年，约有10人死于鲨鱼攻击，
150人死于下坠的椰子。

我们熟悉的关联，似乎比我们从未面对的事实更重要。我们宁愿相信，那些我们熟知的事物会比那些我们从未听过的事物更常出现，有更大的概率。正是这种带着可用性、启发式的思维方式，有时影响我们的认知和判断。我们有自己的逻辑观点、角度立场，但同时也限制了我们观察到的片段。

以下10家企业（非银行、非保险业）因其营业额被

《南德意志报》列入2009年德国前百强企业的名单中。两组名单中各有5家企业，试问哪一组企业有更高的营业额？

第一组：巴斯夫化工、E.ON能源研究中心、德国弗朗茨海涅尔集团、麦德龙、Schwarz-Gruppe零售商集团。

第二组：奥乐齐超市、拜耳、宝马、博世、汉莎航空公司。

答案：第一组

我们耳熟能详的国家、城市、集团、企业似乎有着更大的影响力，但股份公司必须比集团、企业更多地出现在公众的面前，且有积极的影响和正面的品牌形象才能被更好地报道。相比那些我们以为无名的加盟企业，它们的名字能更好地被读者记住。

你订阅了哪些杂志？哪些又是没被订阅的？你在国外会看国内新闻吗？我们的信息通道也有其立场，提供的是相应已过滤的观点。媒体产业也是一个服务产业，正如在反复播放的电视广告里展示的那样，信息的可用性有一个强大的过滤特质。当下可用信息的比重通常来说都过于强大，不仅在媒体中是这样，在日常生活中也是这样。因此，公司经理用以评估和判断员工的主要依据是员工近期的业绩表现。

德国亚琛工业大学的经济学家鲁狄格·冯·尼采通过计算得出，选择熟悉市场的倾向会让投资者错失1%～3%的获利。投资者往往倾向于投资本土股票市场，尽管全球市场相关的投资组合更有价值，这种现象在经济学中被称为"本土偏好"。

2.3 寻找黑天鹅

桌上放着四张卡片，卡片上展示的是E、K、4、7。每张卡片都是一面印着字母，另一面印着数字。假定是"当一张卡片一面是元音时，则另一面是一个"偶数"。要检验此假定是否正确，应该翻转哪些卡片？

答案：带有E和奇数背面的卡片

大部分受试者会选择E和4，正如假定里所说的元音和偶数卡片，受试者会试着去收集假定中包含的情况。但只有去寻找假定的反例，才能解出答案的正确与否。如果在一张奇数卡片的背面找到的是元音，那么就找到了此假定的反例。1966年，英国认知心理学家彼得·沃森提出了这个问题，他解释了受试者的"失策"现象，认为人们倾向于确认一个猜想而不是去推翻它。

当我们观察到的前999只天鹅都是白色时，我们会得出这样的结论：所有天鹅都是白色的。但如果当第1000只天鹅的羽毛是黑色时，结论会变成什么呢？这就显示未被证实的证据有巨大的说服力或科学性的表述：证伪。它是一个我们直观使用的工具，用来与万物斗争，尽管我们并不喜欢它。我们更愿意放一个樟脑丸来防蛀虫，然后带着我们喜欢的说辞躺进舒适的摇篮里。

严格来说，在沃森这道选择难题中，偶数卡片背面是什么并不重要。即便卡片背面是一个辅音，既没有假设提出偶数卡片背面的假定，也没有提出辅音卡片的任何规律，因此，去翻辅音卡片是完全没有意义的。除非当卡片一面是辅音时，则另一面是偶数或奇数。

诚然，要滴水不漏地用言语表述这类难题并不容易。研究者讨论的一个重要部分就围绕着这类问题的表述展开。事实上，如果将同样的问题放在一个容易让人理解的背景下，参与者会给出更好的答案。我们再来看下面一则问题。

受市政管理局的委托，你要检查餐馆里是否只有成年人在喝酒。在一家小餐馆里，四个人围坐在一张桌旁。你所看到的是：一名约50岁的男人，一名青少年和另外两名背对着你的人，其中一人在喝葡萄酒，另一人在喝可尔必思饮料。你会想去检查谁？

在这里，仅有极少人犯了逻辑错误。一方面，可以去检查青少年喝的是什么，另一方面，检查喝葡萄酒的人是否成年，这看起来符合逻辑。不去检查50岁男人和喝可尔必思的人，就能立刻找到答案。这表明在很多情况下，不要不假思索地冲动行事，而把时间和反向思考花在问题实质的阐释和理解上，是会有收获的。

在彼得·沃森另一个经典实验中，要求受试者将数列"2，4，6……"延续下去。他们同时应找出数字排列的规律。之后研究者会告诉他们，数列是否符合规律。他们不知道的是，其实规律非常简单，就是升序数列。参与者认真地列出符合他们设想的"加2"或"偶数"数列。没有人尝试可能会违反自己猜测的变形，如"2，4，6，7，9，10……"，如此一来就能完成任务了。

请你诚实回答，在你的日常生活中，全力以赴地寻找那些违背你预期的证据时，你的感受是怎么样的？你查阅求职信时，会先给哪位求职者打电话，又会问怎样的问题？当你的财务专家提出棘手并与你的观点相违背的论据时，你会怎么做？在此进行思考角度的转换会对你有所帮助。请你习惯提出这样一个问题："什么能无可辩驳地向我们证明，我们的想法确实是错误的？"

2.4 框架背景在起作用

一家大型汽车配件供应商正在遭受巨大的需求缩水情况，员工的解散和重组已不可避免。生产主管想出了解决问题的不同办法。你会选择执行以下哪种计划？

（计划一）这一计划能保住三种产品之一以及2000个工作岗位。

（计划二）这一计划有33.3%的概率保住所有三种产品以及6000个工作岗位，但还有66.6%的概率无法挽救任何产品和工作岗位。

如果你立即着手进行，并更倾向难以辨别风险系数但主观意识中更安全的选择，那证明你是在一个很安全的企业里。现在，又有另外两种选择摆在眼前。

（计划三）这个计划的结果是，必须放弃三种产品其中的两种，且会失去4000个工作岗位。

（计划四）这个计划有66.6%的概率造成所有三种产品以及6000个工作岗位的损失，并有33.3%的概率没有任何产品或工作岗位的损失。

这听上去很可怕，即使最后一个选择中失败的风险更高，但人们不应该选择它吗？毕竟它有机会挽救全部产品和全部工作岗位。

我们对不同选择会产生不同的反应，即使最终结果看起来是一样的。在丹尼尔·卡尼曼和阿莫斯·特韦尔斯基相应的实验中，有80%的票投给了相对安全的做法——计划一而非计划二。在第二轮投票中，有80%的票投给了计划四而非计划三。事实上，第一、三个计划客观上是等同的，第二、四个计划也是同样。在积极或消极不同的框架背景下，会影响我们的判断，这就是所谓的框架效应（边框效应）。面对一方面迎来的利益，另一方面有潜在威胁的损失，我们的行为也会有所区别。这一点笔者会谈到，同样也会谈到我们预估概率时的困难。

另一个例子，假如医生在手术前对你说，手术成功的概率有90%，你被送进手术室时会感到十分轻松。但当他用严肃的表情告诉你手术存在10%的恶化风险时，你的感受也许就变了。令人不安的是，这样的表述变化对外行人和医生来说都有同样的作用。很多研究都证实了这一点，经验越是丰富，就越要保持冷静，让自己和他人远离恐惧的开关。

美国心理学会主席高尔顿·奥尔波特用一则趣闻表明了如何让边框效应为己所用，以达到设定的目的。

一位年轻的僧侣问修道院长："我能在祷告时抽烟吗？"得到的回答是一个愤怒的否定回答。不久后，年轻僧侣遇上一位年长的僧侣，在祷告时享受地吸着烟斗。他告诫这位年长僧侣："祷告时不能抽烟，这是修道院长说的。"这位长者悠闲地回道："是吗？我问过修道院长，我能否在抽烟时祷告。然后他允许了。"

2.5 避免多余的选择

在一个精品超市里，你可以选择周二试吃6种异国果酱，或者周四参加24种精选果酱品鉴会。哪一项活动听起来更吸引你？你会在哪项活动中更愿意购买或愿意购买的更多？

几年前，心理学家席娜·伊加尔和马克·李培尔在美国加州的美珑公园里的德格尔超市做过这个试吃实验。硅谷中心的精美食品店因其丰富的产品种类选择而闻名，比如有橄榄油（75种），芥末（250种）以及果酱（300种）等。研究者通过以上两处试吃桌前的实验得出了惊人的结论，正如预期一样，有更多人即60%的顾客在漂亮且丰富的食物面前停留时间较长；在较小的、一眼看全的桌台面前停留率仅为40%。然而，大量丰富的选择并未在购买行为上产生实际效果，仅有3%的顾客在大而全的桌上购买了一瓶果酱,而有30%的顾客在一眼看全的桌上购买了一种商品。

  有时候,少即是多。我们短期记忆的基本容量为7个单元(正负1个单元)。在精简的试吃桌上可以充分成功地利用这些记忆容量。但笔者想提出疑问,你是否真的能把7种梅洛红酒或7种香水区分开来?对于笔者来说是不可能的。你还记得你上一次品酒会或在免税店短暂停留的场景吗?这里有一条经过时间证明的黄金法则,即当你可选择的容量超过你一只手的手指数量时,就一定要提高警惕。

2.6 事实的力量

想象一下，你朋友的国外富豪叔叔去世了，并为他留下一笔可观的财富。他会把这笔钱投资在哪儿呢？在实验中，有三个投资方式可以作为选择：一家风险公司的股票，一家稳定的传统企业的股票以及一些政府债券。当然，风险越小的选择，相应的投资回报也就越少。

波士顿大学的威廉·萨穆尔森和哈佛大学的理查德·泽克豪斯尔从这个实验中得出的结论是，第一组实验对象分配到的是（虚构的）现金财产，这组人的选择没有明显的优先偏好；所有三种投资形式都以相同比例出现。其他实验组继承了特定形式的投资财产，而他们的实验结果发生了变化。对选择的优先性明显受到之前投资形式的影响。如果财产主要以债券的形式被继承，那么，这一种投资形式也会在继承后从32%提升到47%。

美国经济学家理查德·塞勒称这一现象为现状效应，我们得到事物时的形式会引起我们对此的极大尊重，要进行干涉或改变会让我们认为是必须冒险的行为。因此，我们倾向于小心翼翼，有时甚至是被动和无为。实际上，接受和继续维持现状也是一种决定，对此我们也要担负责任，而这一点完全被忽视了。

全世界的人都这样承受着无法想象的损失，这些损失都是通过未取消而自动延长的合同，通过未损坏的滞销品、投资失利和其他挂名的身份造成的。这些认知吝啬的特殊案例甚至有可能危及人的生命，正如纽约哥伦比亚大学的埃里克·约翰逊和丹尼尔·戈德斯坦展示的器官捐献志愿的案例一样。图1所示为各个国家器官捐献志愿百分比数据。

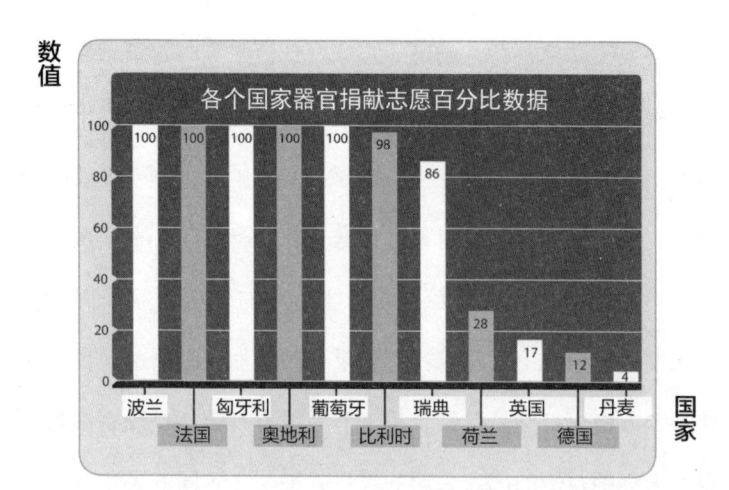

图1 各个国家器官捐献志愿百分比数据

图1展示了不同国家器官捐献志愿者占比的情况。坐标轴左侧的国家比例大，右侧的国家比例小，该如何解释这其中巨大的差别呢？造成这种现象的是和国家的文化背景、集体价值观有关，还是和社会资源、社会福利有关呢？图1所示的结果却与可能导致出现这些原因不同，那些主流意识形态看起来十分相似的国家，却在器官捐献上出现了根本性的差别。比如，瑞典（86%）与丹麦（4%），荷兰（28%）与比利时（98%），德国（12%）与奥地利（100%）。

荷兰是"吝啬组"里捐献比例较高的代表。这是为什么呢？答案很简单，荷兰的每一户家庭都会收到一封请求参与器官捐赠项目的来信。如此一来，有四分之一的居民给出了肯定的答复。而位于坐标轴左侧的国家又采取了什么不一样的措施呢？位于坐标轴右侧的国家肯定是采取了相当有效的措施。

答案简单得令人震惊，位于坐标轴右侧的国家采用了一张标准化表格，上面写着："如果你想参加器官捐赠项目，请在这个方格里打钩。"结果是人们并没有打钩，也没有参与项目。坐标轴左侧的国家采用的是另一种与之不同的表述方式："如果你不想参与器官捐赠项目，请在这个方格里打钩。"有趣的是，人们也没有在方格里打钩，于是他们便参加了这个项目。

决策研究者兼畅销书作家丹·艾瑞里在他的新书发布会上提到了约翰逊和戈德斯坦的这个研究，他将研究结论运用到我们的日常行为中。早上我们醒来，就立刻开始面对一系列接踵而至的决定情境，直到晚上我们入睡。我们打开冰箱，选出我们想吃的食物；我们从衣柜里找出适合的穿搭服饰；我们去购物并认为我们只会买需要的东西；我们出行然后决定要坐哪趟航班。从早到晚，我们都坐在生活的方向盘前，顺着我们决定的轨道行驶。如果换到一个外部角度去观察，你就会发现，每个单独的决定是如何强烈受制于整个决策体系的,而这个决策体系通常不是我们自己发展而来的。器官捐赠调查清楚地表明,设计表格的人明显比我们自己在决定上有更大的影响。

这具有代表性吗?

以下两种病症中,哪一种每年在德国造成更多女性的死亡?

（1）乳腺癌

（2）心脏病

答案:第二个回答是正确的。

乳腺癌是一种发生在女性身上的常见病,因此,人们自然会将其与女性联系起来。尽管如此,在工业国家的女性和男性死于心脏疾病的概率要远远超于其他任何一种癌症。内容上的关联并不能说明一切,在此,所谓的代表性启发会把人们引入误区,我们会选择与我们联系紧密并对我们有意义的事物,而错过事情的真相。

用这一观点去解释前文中提到的鲨鱼还是椰子致死率更高的问题也同样有效。鲨鱼是地球上最令人闻风丧胆的食肉动物之一，这方面不仅有科学报道的证实，也有令人印象深刻的实例。而椰子却完全具备另一种特质，人们会把椰子与美味佳肴联系在一起，到目前为止，还没有任何一部电影用来讲述一颗具有威胁性的椰子。并且当人们遇到鲨鱼时，也确确实实比坐在椰子树下危险得多。但这并不能改变椰子树的数量远超鲨鱼数量的事实，我们也无法否认人在陆地上活动多于在海里。因此，在一定程度上，椰子造成的事故相对更多。不过，这却不值得任何一家媒体做专门报道。

丹尼尔·卡尼曼及其团队在不同实验的规定下，向受试者描述人物类型，比如，略为古板的工程师汤姆和女性维权者琳达。实验能有效证明，鲜明的个人特征凌驾于所有其他的概率信息及可能性信息之上。这一点同样适用于另一实验，实验要求从一群大学生里找出未来的工程师。选出来的所有人都符合工程师汤姆人物档案中的特性，而其中三分之一的大学生以科班出身的信息就被简单地忽略了。

2.7 打破固有思维模式

在你的面前放着一盒图钉、一支蜡烛和一盒火柴。你如何才能将蜡烛固定在墙上齐眉高度的地方？

答案：把蜡烛用作烛台，然后用图钉把盒子钉在墙上。

20世纪30年代中期，心理学家卡尔·邓克撰写出这一问题和解决答案。极少有人能够立即想到把盒子作为烛台并改变其原本的用途，除非把盒子清空并放到图钉旁边。大多数人会认为这个问题很难，因为他们只把盒子看作是装图钉的器具。邓克将这种现象称为"心理定式功能"。

这位机敏的心理学家进行了一系列诸如此类的实验，其中都必须"打破定式"地使用一种工具解决问题，一个钻头用来作为一根细线的挂钩。一个钳子用作一个木条的垫片，一个曲别针用作钩子，一个软木塞用作把木条卡在门框上的一个连接物。我们对这些物品能一眼辨认、归纳，这在日常事务中起到了很大的作用。但同时，我们的思维也受限于这些下意识的机械认知。这可能会导致固有的思维模式，并用在简单方法就能解决问题的情况下。

下列用火柴摆成的等式是错误的。如何各移动一根火柴，使等式成立呢？

VII = II + III

IV = IV + IV

答案：VI = III + III ; VI = VI = VI

大多数受试者能解开第一道火柴问题，但无法解开第二道。他们下意识地认为改变运算符号和创造一个双等式违反了规则，因此完全不会朝这方向思考。这个实验说明，大脑不会考虑一些非常用的解答方式，尽管正确答案就在于此。此外，研究表明，大脑皮层侧额叶受过损伤的受试者能够出色地完成这个任务，显然，他们的直观机械思维是被关闭了的。

在蜡烛问题和火柴问题上，大脑对提高经济效益的策略起到了相反的作用，并没有考虑所有可能的解决方式，而是下意识地把主观认为的不合理的方式筛选出去。1942年，美国格式塔心理学家亚伯拉罕·卢钦斯提出了灌注问题，展示了一个相似的效应。你在解题时会不会也掉入这样的思维陷阱呢？

大小不同的壶有特定的容量。第一轮灌注的时候用两个壶，灌注任务是两个壶一个29升，另一个3升，最终灌注的容量是20升。先把大壶灌满，当3升的壶装满3次并都倒空后，大壶里剩下的液体容量就是所需要的容量。

表1所示为用三个壶分别进行相应的8次灌注任务。

表1　三个壶8次灌注任务

任务轮次	A	B	C	目标容量
2	21	127	3	100 升
3	14	163	25	99 升
4	18	43	10	5 升
5	9	42	6	21 升
6	20	59	4	31 升
7	23	49	3	20 升
8	15	39	3	18 升
9	28	76	3	25 升

在第7轮任务中，可以先从49升壶中把液体灌注到23升壶中，然后再往3升壶中灌注两次，得到目标容量20升。事实上，从23升壶往3升壶中灌注一次就可以，你注意到了吗？在卢钦斯设计的大规模实验顺序中，有四分之三的参与者都采用了前面轮次中使用的过程，包括在最后一轮此过程无效的情况下。第二个试验组得到的是另一种顺序的任务，第7轮和第9轮任务置于前排，也就是在"校准效应"起作用之前，所有参与者从一开始就采用了有效的灌注方式。

什么是校准效应？只要我们某一次发展出解决问题的惯例，在下次我们会首先搜寻再认标志。我们不会在每个日常事务中思考创新的解决答案，而更愿意采用我们能立刻解决问题的方式。这个内部的自动引导机制让我们进行了大量的盲目飞行，这一点毋庸置疑。德国心理学家迪特里希·多纳解释了灌注实验："这个实例证明了一个事实，经验并不总是让人聪明行事，经验也有可能使人变笨。"

2.8 正确答案不止一个

几百年来,哲学家主要研究的就是人类的思维。他们在自己的书房里为逻辑推理、有效论证和理性行为设立了基准。通过田野调查(指所有实地参与现场调查的研究工作,也称"田野研究"),心理学家惊奇地发现思维实际上是如何运转的。

20世纪40年代,英国心理学家弗雷德里克·巴特莱特建立了剑桥大学实证研究所,发表了一个至今仍然适用的基础论点:"人类的思维主要是为了填补空白。"他总结了对人类理性的认识并发出感叹:"这么少的东西能做那么多的事!"

人类必须在真实情景中做出决定并采取行动。如果人们为了静下心来找到完美答案,想从多彩变幻的生活中偷偷溜进一个控制室,认为在那儿可以看到客观事物的关联,帮我们做出绝对正确的决定都是非常错误的。因为这样的控制室是不存在的。现实生活不是教科书,不是每一个词条都有准确的记录说明，而且日常生活也不是一个单项选择题，很少有一个显而易见的选项。基本上，生活中总有超过一个可以解释的答案，而人们通常连问题到底是什么都不是很清楚。

20世纪70年代，丹尼尔·卡尼曼、阿莫斯·特韦尔斯基和其他年轻认知研究者开始从事研究工作时，首先并没有瞄准一个最有影响力的"敌人"。在经济学理论教育中，"经济人"这一理想类型毫无疑问占主导地位。他们想象消费者和企业一样，在做出决定之前都会进入这样一个控制室——在那里，他们用冷静的头脑计算着哪些策略能让其利益最大化。当然，这是纯粹理论上的想法，在真实的生活中并非如此。很显然，这一理论构想与实证结果完全矛盾。一整代人都在努力证明，我们并不像所说的那样能够理性地采取行动。

现在，一些完成了一系列复杂思维训练任务的人可能会有一种不安的感觉，他们认为我们的思维从根本上出了问题，究竟是哪儿不对？进化论心理学如今已深入阐释了启发式和认知曲解，认为这是对环境的适应。难道因为我们的尼安德特基因在21世纪被完全超越，我们就要面临灭绝了吗？事实并非如此，因为许多基础数据是保持恒定的，比如地球万有引力、白天黑夜、人类和动物的基本行为模式，等等。为此，我们基因中保存的观察和行为模式确实是一个定式。

一方面，科学帮助我们超越预定值。科学常常得出更为实际的结论，我们能以此评估我们的直观结果。另一方面，科学家们也研究了人类观察、思考和行为的模式，标注了我们不太擅长的领域。奥地利生物学家和进化论理论家卢佩特·利德尔指出："生物知识含有一个理性假设体系，也就是在特定情境下会进行预先评估，然后这个评估会以最高级的规则指引我们行动的方向；然而，它会把我们引向边界，让我们彻彻底底地误入歧途。"

马克斯-普朗克研究所的格尔德·吉仁泽指出，遭受许多唾弃的启发式、简化技巧和日常生活中的直觉决定有其惊人的成功结果，并在很多情况下可以取而代之。要计算一个棒球的飞行轨迹，需要一个完整的计算中心。而一个开始奔跑的运动员，持续用同一视角盯住球并下意识地调整自己的前进方向，则有很大的机会抓住球。吉仁泽说："认为智慧一定是有意识的且只和思考有关是一个谬误。"他还说："复杂的行为并不以复杂的心理策略为前提。"

追求控制室和完美答案，只有国际象棋计算机才能做到。但正如吉泽尔所阐述的那样，即使有超人类的计算容量，没有启发式的思维也是不够的。"IBM国际象棋计算机深蓝（Deep Blue），能够进行每秒2亿次可能的象棋棋步运算。即使有这样令人震惊的运算速度，深蓝要超前计算20步并选择其中的最佳棋步也需要55兆年（对比数字：人们认为宇宙大爆发发生在约140亿年前）。一般来说，20步还不是整局象棋。因此，像深蓝那样的国际象棋计算机无法找出最佳棋步，而是必须像象棋大师那样依靠简便法则。"

与许多日常情况相比，国际象棋只是一个简单的行为。下棋的只有两位棋手、一张有明显边界的棋盘、清晰的规则、有限的移动可能性和一个明确的目标。而在真实的世界里，有70多亿人，他们共同生活、互相磨合。他们的目标和游戏规则通常连他们自己都不清楚，就像他们生活的194个联合国承认的会员国那样，星罗棋布、错综复杂。根据工商业联合会的数据，仅德国就有400多万家公司在活跃运营。它们行动的大体趋势根本无法准确计算。如果没有配合的惯例和简便法则，就会完全丧失行动力。

2.9 下意识的行为

下列美国城市中,哪座城市的人口规模更大?

(1) 圣安东尼奥

(2) 芝加哥

答案:芝加哥有280万居民,圣安东尼奥有143万居民。

令人吃惊的是,德国人回答这个问题比美国人的正确率更高,原因恰好在于德国人对此一知半解。圣安东尼奥是美国第七大城市,而知道这一点的人可能会给出错误的答案,而从未听说过这座城市的人,仅凭直觉选择芝加哥,由此选出正确答案。格尔德·吉仁泽及其团队系统性地研究了这一现象,结论是简便法则和启发式思考比人们想象中更重要,它们在我们的日常生活决定中有合适的位置,是因为当我们的直觉告诉我们要警惕时,我们可以按下暂停键。

有调查询问斯坦福大学的学生，加州的索萨利托与海恩京（虚构城市）相比哪座城市更大时，大多数人都下意识地选择陌生的城市。隔壁小城索萨利托人口不足8000人。人们主观臆断中的城市海恩京似乎居住着更多的人。而你现在阅读了这本书，在回答下面的问题之前如果按下暂停键，你可能就有所收获了。

下列美国城市中，哪座城市的人口规模更大？

（1）圣安东尼奥

（2）旧金山

答案：圣安东尼奥拥有143万居民，旧金山有约88万居民。

你肯定听过很多关于旧金山的歌曲，看过很多关于旧金山的电影，影片中会出现加州大都市的街道。事实上，在海湾区居住着768万人口，但旧金山本身并没有特别大。得克萨斯的圣安东尼奥虽然没有那么多光环，却有着更多的居民。好的直觉与训练有关，这其中也包括人们犯的错误。格尔德·吉仁泽认为："直觉可能看起来非常简单直白，但其深处蕴含的智慧体现于在正确的情况下选择正确的简便法则，在第一时间内产生最佳选择的能力，这正是一位经验丰富选手的特征。"

进行体育博彩和汇总股票、基金时，可用性启发式是正确的选择，特别是当人们一知半解时。《资本》（Capital）杂志开展过一个游戏，即从杂志主编给出的50只国际线上股票中汇总资料并观察6周，格尔德·吉仁泽就是1万名参与游戏的玩家之一。他的竞争者们运用专业知识和高性能计算机进行分析，并昼夜轮班。而吉仁泽却只询问了100位柏林路人关于股票名单上哪些名字是他们听说过的，然后把前10名最常出现的股票汇总打包，全程不加修改。

由路人提供信息汇总而成的资料超过了88%玩家的资料，具有讽刺意味的是，这其中还包括杂志主编本人收集的资料。根据同样的原理，吉仁泽汇总了第二份股票资料，并自掏腰包投资了5万欧元。6个月后，他获得了47%的红利。

第 3 章

拥有可以测量
思考维度的标尺

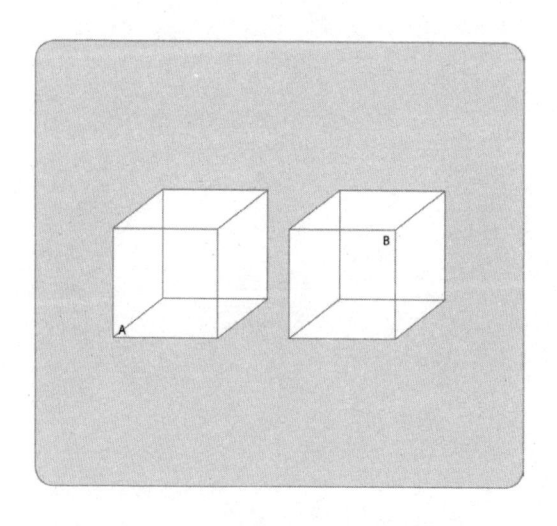

内克尔立方体：房间里的定位是如何进行的？

内克尔立方体

这个翻转物体是根据瑞士博物学家路易斯·阿尔伯特·内克尔命名的,由他首次描述的"双稳态现象"的经典示例,即立方体的面可以被转换视为正面或背面。我们观察的视角可以根据不同的解读进行转换,图示中所展示的两个立方体也会有两种不同的变化。

3.1 思维阻滞

保罗看着玛丽，玛丽盯着弗雷德。保罗已婚，弗雷德未婚。一个已婚的人正看着一个未婚的人，对吗？

答案：对的。因为玛丽只能是已婚或未婚。如果她是已婚，那么她正看着未婚的弗雷德；如果她未婚，则意着已婚的保罗正看着未婚的玛丽。

加拿大心理学家基思·斯坦诺维奇实验表明，有80%的受试者给出的答案不是正确的。通过明确的提示，让受试者把所有的可能性仔细思考一遍，人们才知道答案一定是肯定的。斯坦诺维奇的论点是大多数人会尽可能少地使用他们的认知容量。当没有解答惯例可用，而必须对更多可能性进行深入思考时，人们就会放弃寻找答案了，因为这对他们来说太费力了。你也可以通过下面这个任务来亲身体会这一效应。

斑马谜题：有并排五幢颜色各异的房子。每一幢房子里都住着一户人，每个住户都是不同的国籍。每个住户都喝特定的饮品、吃特定牌子的巧克力、养特定的宠物。饮料、烟和宠物都不重复。问题是谁喝水，谁有斑马？

答题提示：英国人住在红房子，西班牙人有一条狗，住绿房子的人喝咖啡，乌克兰人喝茶，绿房子在白房子的右边，吃Godiva牌巧克力的人有一只蜗牛，住黄房子的人吃好时牌巧克力，中间房子的住户喝牛奶，挪威人住在第一幢房子，吃德芙牌巧克力的人住在养狐狸的人的隔壁，吃好时牌巧克力的人住在养马的人隔壁，吃Amovo牌巧克力的人最喜欢喝橙汁，日本人吃Hamlet牌的巧克力，挪威人住在蓝色房子的隔壁。

答案：挪威人喝水，日本人有斑马。房子及其住户具体情况见本书书后。

解答斑马谜题需要花费一些功夫，爱因斯坦曾说，世界上只有2%的人能解开这道谜题。其实这道题并不十分复杂，如果运用一些解题技巧就可以顺利解答。首先，在面对分散的关联信息时，必须克服沮丧、杂乱的心绪，因为这里出现的就是经典的思维阻滞。

接着，有两个简单的技巧可以帮助我们。拿出一张纸，把各个信息都填入一张表格里。而这一步可能就只有2%的人能够做到。笔者制作了多张信息卡片，他们之间可以相互组队。这里的关键是灵活度和自由度的运用，第一步需要先理清各个信息间的关联，也就是要了解概况、理清思路。

此外，还可以运用第二个技巧，也就是首先要确定房子的顺序，然后再看能否解出其他信息，解题时需要一种能够尝试各种可能的感觉。尽管整体看来非常像正式的逻辑任务，但其实涉及的是行为自由和解除思维禁锢勇气。那些关于邻居的信息听起来很繁杂，但放置在技术的背景下，恰恰能直接指向目标。

3.2 用行动替代反复考虑

当我们遇到难题时常常有想要逃离的倾向，这种行为表现不仅出现在思维训练的中，在日常生活中也十分常见。如果我们一开始就不知道应该做什么，可以试着从这些琐碎事中跳脱出来。我们委派别人、忽略信息或者把自己拉回到原本的惯例中，你在工作中也一定这么操作过。有趣的是，在医院也会发生类似的情况。

多伦多大学的唐纳德·瑞德迈尔和普林斯顿大学的埃尔德·莎菲尔提供了这样一个研究案例，并将其展示给两组医生：一位67岁的老农长期饱受右臀疼痛之苦，之前所用的药物和相应治疗都没有达到理想的效果。于是，目前计划给老人安装一个人造髋关节，老人已经在去往手术室的途中了。但一组医生被告知，经再一次检查发现，治疗中疏忽了止痛药布洛芬的使用。问题是你现在该怎么办？把病人叫回来用上止痛药，还是让事情继续进行下去，给病人换上新的髋关节？好消息是大部分医生都决定叫回病人，试用止痛药。

另一组医生被告知，经检查发现有布洛芬和吡罗昔康两种药物未试用过。同样的问题，该怎么处理？让病人继续转移到手术室还是叫回？然而这一次情况就不同了，叫回病人让情况突然变得更复杂。如果选择叫回病人，你会选择试用哪种药物？这里就会出现另一个需要解决的问题，继续选择手术在这一背景下似乎成了更简便的选择。实际情况是，大多数医生会选择把病人送上手术台。

在理智的权衡下，没有任何医生会选择把手术置于布洛芬或吡罗昔康治疗之前，也不会用安装人造髋关节来替代药物治疗。但是这种清晰的思考状况会在有压力、紧迫的情况下不复存在，仅仅两个简单的定位螺丝就能把紧急的状况恢复理智。第一个定位螺丝是，在这类明显令人不愉快的决策状况下按暂停键，有意识地观察有优先权的工作。制订手术计划和组织手术，总的来说可能很烦琐，但是，在决定之前进行就不是坏事，即使你想让保守治疗继续时。如果你先把病人从已经开始的手术准备中带出来，你就可以用冷静的头脑做出下一步决定。这一认知当然也可以运用在办公室日常繁杂的事务中。

第二个定位螺丝能引出决策能力,在上一段就可以联想到这一点,你可以把一个杂乱无章、难以解决的问题用连续的步骤罗列出来。药物二选一的情况会造成思维阻滞,由于不能立刻找到答案,人们会选择维持现状,医生们会把自己从决定中分离出来,让事情继续进行。他们的错误在于想把一个较为复杂的问题当成一个简易的计算任务去解决。如果把整件事分解成可消化、理解的小分量,那就会变得简单得多。叫回病人试用第一种药物,然后再试用第二种。如果想在紧急情况下一次性解决所有问题,很可能会得出认知系统里的错误结论,因为人们总是想用各种方法让自己摆脱麻烦。

3.3 信念取代逻辑思考

  1847年，匈牙利医生塞梅尔维斯因其对产褥热的研究，成为卫生学先驱，许多医院都以他的名字命名。塞梅尔维斯刚开始工作时进入了维也纳总医院的妇产科，当时维也纳总院的病亡率非常高，有10%~20%的母亲在生产不久后死去，即使她们没有并发症。年轻的塞梅尔维斯医生意识到，妇女们都请求转入另一个诊室，那个诊室由助产士而非受过专业培训的医学生负责。经过一年的时间，塞梅尔维斯终于得出结论：医学生们在病理学课上进行解剖，并把从解剖课上带来的病菌传染给了产妇，以致产妇病亡率较高。

  相应的解决措施非常简单，这对于我们今天来说是理所当然的，但在那个时候并没有引起人们的重视，那就是医护人员在在进行检查之前必须洗手、消毒。然而这一做法在当时却遭到极力反对，对此，塞梅尔维斯坚持己见。一个月后，病亡率降低到了3%，两年后降到了1%，可个人的力量就此走到了尽头。因为，当时舆论的力量十分强大，使塞梅尔维斯被迫被医院开除，他的建议也未被广泛采用。原因是他的建议与当时的主流观点很不符合，更重要的是，他对病亡原因的解释让医生们背负了罪名。这样处理的结果很是不幸，不仅对妇女来说非常可悲，且这位热心的启蒙者因无法接受这样的打击最终精神崩溃，得了害怕感染病菌的恐惧症被送入精神病院，最后在那里死于病菌感染，而他自己恰恰是认识到病菌致死率高的第一人。

自从彼得·沃森的研究表明了证实倾向以来，大量实证研究都证明了所谓的观念偏见或认知曲解。美国研究者研究了在激烈的原则讨论中对立的双方。研究者给他们展示了数据材料和论据的研究，一份研究结果是支持正方论点的，另一份支持反方论点。当受试者在时间的压力下必须根据简短的总结做出决定时，锚定效应就开始发挥作用了。在观点形成上出现了细微的变动，朝着先展示出的研究方向变化。不过，如果给受试者们更多的时间和材料，结果就又会回到起始状态。那些与最初观点相符的研究细节得以保留，并作为重要的参考依据。其余所有信息都将成为值得怀疑的、被重新解读的。这是如何发生的呢？

过去几年，神经学的医学影像为这一讨论带来了生理学层面的解释。2004年10月，来自亚特兰大埃默里大学的心理学家德鲁·韦斯滕及其团队把参加研究的受试者送上核磁共振台，询问他们关于总统候选竞争对手的竞选承诺。研究者挑选了15位来自不同党派的支持者进行研究。核磁共振成像显示，只有当展示的数据和宣言与自己理念相符合时，负责情感指示的特定大脑区域才会被激活。其他任何信息出现时，整个区域毫无共振。

我们会把新信息或新假设当成异类，不会毫无区别地看待它们。面对与我们理念一致的观点，我们倾向于默认和支持。而与我们理念相悖的事实与观点，就让我们难以接受甚至屏蔽。对此，我们倾向于过度批判。

我们内心反抗机制的工厂是巨大有力的。乌尔里希曾撰写了一本关于科学中会出现的思维错误的图书，其中还能读到塞梅尔维斯的例子。书中列举出一个理论被质疑时，人们通常典型的行为模式："批判者会受到内心潜在想法的强加影响。数据会从相互关联中被忽略，并为印证自己本身的理论而被曲解、遗忘、忽略、否认或改变定义。"注意，这本书里讲的是在科学领域。在日常生活中，论据和证明远没有同样重要的作用。因此，这一效应会更加无法控制地渗透。很多管理者在看到与其观点和期望不符的提议时，会不假思索地将其扔进废纸篓里。

认知心理学家乔纳森·埃文斯在一项研究中表明，我们在面对逻辑问题时也会出现观念偏见。受试者需要在阅读大量的大前提、小前提、结论的三段论后，才能确定其结论是否有效。如下面这个典型的例子。

是金子就闪光

这是金子

所以闪光

这个推论是正确的。前提和结论看起来易于理解，但这与形式上的有效性无关。埃文斯给了受试者一个复杂的混合模式，形式上正确的推理引出不合理内容的推导，无效的论据却带有看似可接受的结论，以及反推的模式。研究结果表明，结果的可信性优先于对逻辑正确的观察。如果结论看起来可以接受，那么推理也会被接受。当结论被人否定，正确的论据也会被认为是逻辑错误的。另一个研究组用可信与不可信的前提进行了类似的研究，得到了同样的结果。

通常来说，一个观点是否符合我们的价值观，往往比一个想法是否经过清晰的逻辑推理更重要。尽管如此，我们还是要了解下面六种最常见的错误推理论段。

3.4 常见的六种逻辑错误

"股市预言家"塞伦特曾预言1987年和2008年的股市大崩盘,此前人们对他的预言并不买账。2011年,塞伦特在《德国世界报》的采访中预言了又一次即将到来的股市崩盘。我们可以根据他已经证明的预测能力,认为他这次一定正确吗?回答是否定的。严肃对待他的观点是有原因的,但其中并非不存在逻辑推理。谁要是这样来论证,谁就走入了错误推理的怪圈,也就是我们所说的六种逻辑错误类型的第一种。以下是几种易错逻辑的具体内容。

1.从源头推断出有效性

逻辑正确与真相只与一个陈述的"具体内容"有关,是谁说的,他是怎样说的,在这儿都不算数。就算是巴菲特给出的投资建议也有可能是错误的,即使他的很多决策到目前为止都相当成功。不过,仅从他极个别失败的例子就推断说他的分析没有价值,同样也是没有逻辑可言。一个关于股市发展的陈述是否正确,由其逻辑基础决定。一个论据是否有效,与其逻辑形式有关。

"有理不在声高",这句话说得便是,正确的事物并不取决于它的展现形式。一个正确的证据不会因为用断断续续的方式说出来而变得无效,同样,这样的方式也不会降低表述的说服力。这是一个雄辩术的问题,不在此讨论之列。有些问题不会因为"人们一直这么认为"就变成事实,更不会因为"这事儿刚刚被发现"就成为真相。

2.建构错误

请你想象一下,有人声称:"我从不说谎。所以显而易见,我现在说的也是事实。"任何人都会发现这好像并不符合逻辑。如果结论已经存在于前提中,我们将之称为循环论证。当从一个理性观点"需求引起问询"推断出,特定产品的成功显示出极大需求,那这里的谬误是很难辨认出的。产品的成功可能是偶然的，也可能由其他效应的连锁反应引起。

这里出现的是第二类经典的"建构错误"，含义模糊。"需求"的概念不够清晰，是指物质需求还是指广义的消费者的诉求？在讨论领域大多数持续性问题都围绕着这类含义模糊的概念：自由、公正、发展、全球化……

3.从事如此推断出应该如此，或与之相反

从陈述推断到价值陈述，毫无逻辑可言。谁要是把"自然天性"的光芒和生物知识混为一谈，就会得出错误的结论，例如，"我们人类是食肉动物，因此，素食主义者一定是错误的"。

这些从事实的标准直接推导出的自然主义谬误和与之对称的标准错误推论一样，都是经典错误。这类错误通常有两种表现形式："×应该是这样，因此×就是这样"，以及"×不应是这样，因此×就不是这样"。1910年，克里斯蒂安·摩根斯坦在诗歌作品中写道："他得出结论：只有梦才是亲身经历。因为，他坚定地认为，不可能是如此之物，就不会如此。"

很明显，这类客观研究和寻找真相的想法毫无益处。奥利

弗·斯坦格尔对此讲述了一个令人沉痛的故事，遗传学家特洛芬·里森克认为，人的个性特质可以通过遗传获得，而这一论断得到了政府相关部门的支持，因为它更适合他们培育、塑造新一代人的理论。

4.原因与结果的错误拼凑

人类在生理上被设计成可识别结果之间的相互关联，因为这个能力对我们的生产、生活都是最基本的。因此，我们偶尔会看到本不存在的因果关系，也就不足为奇了。不同空间或时间的密切关系会被轻易地视为因果联系。但事件的同时发生有可能纯属意外，正如一个村庄里仙鹤的数量（欧洲仙鹤送子的传说）与出生率相互关联一样，或者两个事件都与第三个事件相关。正如闪电并不是打雷的原因，而是因为闪电、打雷两者都是电荷释放的结果。声音传到人们耳朵的速度比光慢，由此形成了"先闪电，后打雷"的顺序效应。

如果我们能正确识别原因却忽略了其他因素，也有可能形成错误的判断。一家商店不仅是周日关门，也可能在节假日关门，或者因临时有事关门。当我们找不到自己的车时，也不一定要认为就是被偷了，也有可能车是被拖走放在其他的位置，或者是我们记错了停车位置。不能一看到湿漉漉的街道就认为一定是刚下过阵雨，也可能是清洁车刚刚开过。

另一类判断的失误在于把原因归为主观臆断的影响。原始民族打开篮子和器皿，目的是为了让即将诞生的新生儿顺利出生。为了求雨，他们跳舞或祈祷。从一个发展的状况出发去思考理论，也会跌入陷阱。一些顽固的无知无畏的消费者认为，大自然创造三文鱼的作用仅仅是为了丰富自助餐的冷盘。

5.以偏概全的局限

"我和我的女朋友去了旧金山，发现××国的人在批评别人的时候都非常温和且会在私下悄悄说。""我不会把房子租给律师和老师，每次跟他们打交道都不痛快。"就算有过这样令人印象深刻的经历，这样对普遍情况的一致推导也过于绝对。反之亦然，一个平均寿命为半年的病情诊断，不意味着相同病例的病人在半年后就会去世，相关病例的实际剩余寿命可能会从几天到几年不等，平均值是被参照的数值。

从部分推断出整体，以及从整体推断及部分的错误就是这样形成的,这样的推断从逻辑上来说是不成立的。社会学家隔几年就会公布一种时代类型以及时代精神践行者(乐趣制造者、灵活应变者……),这些都是相当有趣的思维模式代表。如果把这些群体视为社会群体的写照,认为他们造成了某些影响,或者想在个体身上找到哪些群体特质,都会屡屡碰壁、寸步难行。

6.从过去推断出将来

"我们公司过去几年持续发展,因此,我认为这样的情况还会继续保持下去。""同事梅尔从来没提出过有用的建议,所以可以不用读他的报告,直接放进文档。"类似这样错误判断的归纳推理我们每天都会遇到,个人期待、经济预测和科学研究都离不开源自经验的假设,也就是通过归纳方法进行的假设。然而,他们和那些通过逻辑推导得来的经典推理相比,并不具有同等的可靠性。"所有人都是两脚的。亚里士多德是一个人,因此他是两脚的。"大多数时候,具有风险的归纳和推理都很有趣。

除了寻找原因,外推法是我们最需要具备的知识获取技能。在很多情况下，我们尝试着找出那些可以用一定合理推断的因素。在进化与文明化的过程中，我们极大地改善了这一技能。通过世世代代的尝试和验证，在许多领域展望了一个合理事件的预期。同时，我们观察与思考的简化效应和曲解效应越来越明显，在许多领域我们都远离了理想中的可信性，一位统计学家认为："趋势推算者像在夜里不开灯行驶在路上的司机，没碰到拐弯处，才能继续走运。"

回顾经济发展史，很多决策者都没意识到下一个拐弯的出现。爱迪生拒绝使用交流电，从而把自己史无前例的科技公司置于险境。道依茨公司没有看到轿车市场，因此，戈特利布·戴姆勒独立了出来。IBM没有意识到个人计算机的市场，进而，一群爱钻研的年轻人走出了自己的路。前不久，微软公司前首席执行官兼总裁史蒂夫·鲍尔默还认为iPhone只是一款"相当普通的电话"。

3.5 对自我校准的必要性认知

请根据下列问题为你的情况打分,等级分别为:不具备;中等以下;中等程度;中等以上;模范等级。

(1)你认为你在有压力的情况下做出理性决策的能力如何?

(2)关于沙漠中生活的动物,你知道多少,都知道哪些?

(3)你的开车水平如何?

(4)与其他同事相比,你的业务能力如何?

(5)你对国家的经济发展情况了解多少?

(6)你对竞争企业的策略和发展潜力了解多少?

答案:回答是否准确,只有你自己知道,但请不以此糊弄你我也糊弄你自己。

问卷调查的结果显示,有90%的美国企业认为自己优于同行。在瑞士,自评的法官大多数都认为自己是超过同行平均水平的,但这种想法明显是错误的,仅从统计数据来看就不符合事实。有超过80%的男人认为自己是好司机,在被问到自己是否是很好的爱人时,大多都会给出肯定的答案。我们坚信,自己相比其他人会更少地遇见倒霉事,比如破产和心肌梗死,同时会超过平均值更多地遇到好事,比如一桩幸福的婚姻和一份理想的工作。理性的人会认为自己是百分百理性的,演讲者坚信自己是根据自己讲授的理念来生活的。战略顾问爱德华·拉索和保罗·休梅克得出结论:"大多数人(包括我们自己)的看法是由于超常的自信而失真的。"

然而,如果出于纯粹的自我高估而忽视了竞争,或者以错误计算的数据设置数值,就会付出昂贵的代价并出现严重的后果。20世纪70年代,壳牌石油公司就因其年轻的地质学家出现了问题。他们挑选出精英中的精英,但是这些地质学家却在勘探试钻的命中率上过于乐观,以至于后来这些专业人员被送至拉索和休梅尔的自我评估改善训练中。为此,集团花费了上百万元。目前专家们一致认为,自我高估在切尔诺贝利事件中起到了关键性的影响,即便这些精英工程师在切尔诺贝利电站工作了许多年。在反应堆爆炸发生前不久,他们把设备调至成手动挡,并把干扰的控制灯关掉。他们错误地认为,可以根据自己的经验"凭感觉"操控设备。

"有时我们对自己知识水平的反思,比我们所拥有的信息量更起作用",拉索和休梅克认为。"知道什么时候必须去咨询医生或律师,要比自己的医学或法学专业知识更重要。人们何时决定已经搜集了足够的信息可以开展行动是一个元知识的问题。如果在这一步就错了,那高成本的错误就无法避免。只有当我们接受了自己知识的局限,我们才能理智地获取更多、更好的信息。"

实际上,自我评估的情况明显是不理想的。20世纪80年代,决策研究者们向2000名来自工业、银行、广告等不同领域的经理提出了关于对应领域和宏观经济的问题。研究不仅测试了他们的知识水平,还测试了他们对自己知识水平的意识。结果答案显示正确率仅为50%,与此相比,更差的是自我评估的结果,仅有1%的经理具有适当的元知识。每个组别的人都认为自己比实际情况更了解自己所在的企业和领域。通过此次评估表明,未经反思的自我高估诊断高达99%。

为了做出理性和可行的判断,我们必须承认我们认知的局限。没有这类元知识，我们就无法判断是否需要重新探究情况，是否能从思考转为采取行动。那些过度乐观的决定，以及那些对缺乏信息且不自知或认知缺乏信息又不承认的人所做出的决定又能有什么质量可言呢？

我们自我高估的趋势经过"后视偏差"被加强。成功的事件会占据我们的记忆，而失败同样会被曲解以及降低其价值被有意忘记。如果一件事进展得非常顺利，我们会将自己参与的部分升值；如果一件事进展得不顺利，那责任就在于"外在环境"，在于"其他人"或者我们会突然表明"早就知道"以便于撇清责任。令人担忧的是"难易效应"，我们在面对简单易行的任务时非常容易怀疑自己，而在混乱无序和困难重重的情况下则会表现出高估和无畏。

休梅克和拉索认为，人们可以改善自我元认知，但基本前提是对自我校准必要性的认识。其中重要的是及时、同步的反馈，真实的错误分析以及对相反论据的扩展理解。两位研究者都开展过特定的训练，有些训练针对特定的领域。在训练中，人们要学习更好地理解自己知识水平的真实性。如果能用数值或估算表达出自己的认知水平，就能更可靠地决定是否应该采取行动，是否必须获取更多信息或者应该寻求外部的帮助。

　　训练的题目与下列题目是同样的形式，这里的关键并不在于你是否已有正确的答案。回答更多的是显示你对不知之物的反思程度。下列问题中的最后两个问题是当人们完全一无所知时，也能给出正确答案的。值得注意的是，尽管人们能给出自己的解释，但也还是只有少数人能回答正确。

　　1. 下列哪座城市地理位置更偏北：罗马还是纽约？

　　2. 你认为自己回答正确的概率会是多少？

25%　　　50%　　　75%　　　90%　　　100%

　　3. 请你估算一架空的波音747的平均重量值（吨），并在下列横线上填上相差较大的数字，使正确数值有90%的概率在你的猜测数值中间。

　　高数值 _____

　　低数值 _____

　　4. 请你估算月球直径的长度，并在下列横线上填上相差较大的数值，使正确数字有90%的概率在你猜测的数值中间。

　　高数值 _____

低数值 _____

鸽子在缅纳约的北边。

波音747-400型飞机的平均净重约518吨。

月球直径是3476千米。

3.6 脱口而出，还是谨慎发言

当领导听说在意大利办公的主管基瓦尼·巴斯勒辞职去创业咨询公司时，对人事经理说："再雇一个意大利人！基瓦尼工作得非常好，而他的德国前任主管汉斯·胡贝尔简直一无是处。"

你是否也遇到过类似的情况？基本原理是不要太草率地做出结论。请你习惯性地提问，这个用以论证的例子是否具有代表性？支撑的数据是否足够强大，以至于可以得出可靠的结论？内容上是否存在前后不统一？我们会有强烈的趋向去推出那些数据并不支持的结论。比如，**我们往往会根据一些少量的、不具代表性的案例，对其他情况进行概括和评估。**

哈佛商学院工商管理学教授马克斯·巴泽曼在他的经典著作《管理决策中的判断》（*Judgment in managrial decision making*）中把行为经济学和决策研究的结果运用到了经济实践

上。他指出，人们可以通过掌握决策过程结构和评价的元知识来极大地改善我们在商业领域内的决策能力。与掌握一个有意识的、具有批判性的自我评价非常相似。此处一个有目标的策略是以理性决策模式为指导方向的。

决策的解析

◎ 定义问题所在

◎ 确立评判标准

◎ 权衡评判标准

◎ 概述各种答案的可能性

◎ 根据标准目录评判各种可能

◎ 确定最佳答案

正如逻辑推理问题一样，我们在一个抽象平面上思考，如果我们能在这个平面上改善对决策如何操作的描述，那我们的思考方式就能适用于日常生活。此外，我们还需考虑已经知晓的曲解因素、边框效应、锚定效应、自我高估和后视偏差，以及其他启发式的运用，等等。此外，巴泽曼列出了六种相互独立的策略建议，我们可以从中继续学习，以此增强我们的决策能力。

决策过程的改善

◎ **运用决策分析的方法**：问题满足客观标准了吗？

◎ **学习成为领域专业人士**：论据和可能的解决方法符合基本认知吗？

◎ **检查自己的认知是否有曲解**：我应该向何种方向修正自己的期望？

◎ **把眼前的问题转移到另一种情境中**：如果我从具体的、迫切的情形中抽离出来，这个问题看上去会不一样吗？

◎ **站在客观的角度重新思考问题**：我们正在做的事情在局外人的眼里是怎样的？

◎ **分析当事人的观点**：我能否看到他人的自我高估、认知偏见？

除了必须下决定的紧急情况外，现实情况涉及的是一个基础决策能力的长期习得。为此，需要对全局概况有所了解并进行较深层次的思考。同样，也需要相应的时间管理，很多决定常常是在很仓促的情况下做出的，很多时候事情会被搁置一边，直到不得不做出决定的时候。这样仓促的决定虽然节省了反复思考的时间,但不会节省决定后果造成影响产生的成本。

为此,我们要克服一些条件反射,比如脱口而出,习惯认为第一个建议是最佳的答案,以及只以目前可用信息处理问题的趋向。如果花费更多时间去辨别问题和处理过程的边框效应,就能在之后节省许多时间,并能提高决策的质量,就像俗话所说的"事半功倍"。常胜将军总能先打赢几场战斗,然后指挥军队打响战争,而普通的战士首先冲出队伍,再想办法怎么去打赢战争。

请你一定要意识到,我们隔着一副带有立场的眼镜去看问题,这也是我们作为管理者总想要被那些能看到"全局"者指点迷津的原因。框架效应对决策过程有非常大的影响,因此,我们必须学会提问,"我如何辨别框架效应?我对面的人又是如何辨别的?有没有其他方法去促成框架效应?"当涉及如何举行一场会议时,锚定和可用性的影响是什么?当事人真的会开放宽容地对主题和可能性进行权衡吗?有人会想对结果进行某种方向的人为把控吗?

不可靠的论证前提可能会把我们带向不可靠的结论。思考过程可以是绝对有逻辑的,但结果可能是完全不适用于实际情况的。不靠谱的前提会导致不靠谱的结论，而且我们通常没有意识到，我们在名为"决定"的行李箱中装入了哪些概念，这些概念被视为"错误根源"不是没有原因的。反思检查这些概念十分重要的，在决策过程道路两旁的大多数残骸，都是那些错误概念的纪念碑。存在典型的问题的猜测有以下几点。

◎ 未来会和现在看起来一样。

◎ 策略是最重要的，实际操作是第二位的。

◎ 竞争者不会通过有效的方式采取行动。

一般来说，反思我们的观念是非常不容易的。因为通常情况下，我们不太会想去推翻那些观念，而那些观念发挥出的作用会更强大。正因为如此，我们就不会认为那些观念是猜测、假设，而是将其视作理所当然、不容辩驳的真理，在下次遇到问题时，依然使用。许多人倾向于通过这样的表述去构筑生活："下一步我们将……"其对应的办法就是提问为什么和怎样做。要明确了解隐藏的观念，只有反思和批判性这条路可以帮助我们。请思考并回答以下几个问题。

◎ 我有这个猜测是基于什么依据？

◎这些依据正确吗？完整吗？有代表性吗？

◎这些依据是否有其他可能的解读？其他人可能会怎样评估这个结果？

◎有没有检验哪些解读正确的可能？

◎如果我的猜测不能得到确认，这会对我的行为方式造成什么影响？

与我们的能力和洞察力同样重要的是我们赖以决策的数据基础。我们所获取的信息的数量和质量，对我们答案的正确与否起到非常关键的作用。请别草率地满足于现有掌握的信息，不要因为特定的数据不符合全局或者因为担心寻找其他信息会太费精力就有所遗漏。不要在事情还没有清晰的核心观点时，就从现有的信息中妄下结论。马克斯·巴泽曼总结出的以下三点方法有助于改善我们的决策能力。

◎我们应该明确了解，一个理性的决策过程应该是怎样的。这样，我们就拥有了可以测量自己思考维度的标尺。

◎此外，重要的是避免那些所有思维论证的陷阱，以此观察和揭露我们未经批判的、受偏见桎梏的思维模式。

◎批判性的分析练习，目的是为了用无偏见的方式把我们的逻辑"保存"起来,直至我们的批判性思维和大多数人的非批判性思维那样顺理成章。

第 4 章
中奖号码和对损失的害怕

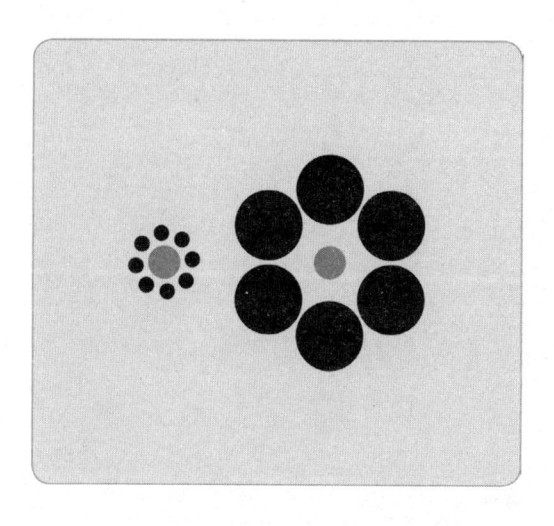

艾宾浩斯错觉：请对比两个灰色圆圈的大小

艾宾浩斯错觉

答案是两个灰色的圆圈一样大。德国心理学家赫尔曼·艾宾浩斯发现了周围环境对事物的曲解影响。在盎格鲁－撒克逊地区，这个错觉现象通过心理学家爱德华·布雷福德·铁钦纳被人们知晓。因此，这一效应也被称为铁钦纳对比错觉。

4.1 相对性有助于做出决定

幸运常常是相互关联的，在奥运会上人们发现，铜牌获得者比银牌获得者更幸运，因为铜牌获得者超越了想要跻身领奖台的第四名，而第二名只能与金牌擦肩而过，也有些可惜。实际上，这个问题也完全可以颠倒过来看，取得第一名的马拉松选手在到达终点后，有点狂妄自大戏谑地称："两个小时就跑完的人，可比那些六个小时奋力抵达终点的人，付出得少多了。"作为消费者，我们很难评估不同事物的价值。好比要定义一杯好咖啡能给你带来多少快乐，对此什么价格合适，也都很难判别。因此，相对性有助于人们做出决定。

在第一个场景中，你在一家店里找到一支价值35欧元的漂亮钢笔。在排队结账时有人告诉你，街角那家店里一模一样的钢笔只需28欧元，你会怎么做？在第二个场景中，你站在收银台边，拿着一个350欧元的iPad，听说旁边一家店里同样的iPad

只卖343欧元。在这两个示例里，选择后者都可以省下7欧元，但你会选择第二个选项吗？关联的产生并不一定都是非常理性的。比如，一个人多交了暖气费，在年末结算时得到退回的费用，会非常高兴仿佛得到一件礼物，而另一个人可能就会在同样的情况下不满，因为他认为自己被迫交出了一笔没有利息的存款。

有些人在购买汽车时，会多花几百欧元购置特别座椅，然而却不愿意花400欧元买一个沙发。"我很高兴我没有保时捷Boxter"，著名演员吴汉章在《纽约时报》"是否热门"的评分页面上说："开保时捷Boxter的人就想要保时捷911，你知道拥有保时捷911的人想要什么吗？是法拉利。从这个相对性旋涡脱离出来的唯一办法就是买一辆丰田瑞普斯。"

亚马逊给20欧元以上的商品免去运费。许多顾客为此会额外订购一些原本他们不需要的东西。对商人来说，这就可以增加盈利。当这个模式在全世界普及之后，就出现了一个特例，在法国，亚马逊会象征性收取一些法郎作为运费的优惠，尽管数额几近于免费，但别处的营业额上涨的现象并未在法国出现。

麻省理工学院媒体实验室的行为经济学实验表明，50欧分的止痛药比1欧分的效果更好,尽管这两种药其实都是同一种安慰剂。一双300欧元的鞋子不仅会带来生理上的舒适,也会在心理上证明比相对便宜的鞋更能让人愉快。

价值的大小不能仅靠客观衡量。我们必须用感知、特定情形和自身去定义事物的价值。麻省理工学院的决策专家丹·艾瑞里在一次采访中说道:"金钱是激励他人最贵的工具,但其效果并不长久。因为不再继续给钱,作用就会停止。此举被认为是更好的激励手段。Linux的软件开发者都是义务的,Linux能成为微软真正害怕的少数企业也是有原因的。"

一件事对我们来说是否重要,关键在于我们对它的预期和心理投射。这一效应在追星时尤为显著,我们对这个人了解得越少,就会对他评价越高。我们把期望投射到自己认知的缺口上,这在感情道路上也非常适用。因此,很多感情在一开始时都进展得非常顺利,第一次约会时会有很高的期望,因为,我们会本能地把眼前人与自己期望中的形象靠拢。

4.2 减少损失

你拥有一家石油公司的股票。你的股票经纪人打电话告诉你这只股票会大涨,因为有消息说它很快就要"一飞冲天"了,原因是所买股票的公司要钻探一片新油田。你可以卖掉股票,获得500万欧元的盈利,也可以保留股票然后期望油田能成功勘测进而获得更高的利润。如果勘测成功,根据股票经纪人的估计,你的股票价值会比购买时增加1200万欧元。但如果勘测失败,你的股票价值会下跌到你购买时的价格。股票市场分析师认为,石油勘测成功的概率有50%。

请回答下列两个问题。

(1)你会选择卖掉股票吗?

(2)你会选择保留股票吗?

据研究表明，大部分人会选择卖掉股票。但这个选择真的正确吗？我们评估事件的方式在很大程度上影响着我们的决定。在这个事例中，关键在于石油股票留手后，是否一定可以盈利？如果我们什么都不做（即保留股票），是否会带来较大的损失？如果石油勘测失败，你会因何而感到沮丧？是我们事实上本可以收入囊中的500万欧元，还是我们期望中的1200万欧元？

决策研究者丹尼尔·卡尼曼和阿莫斯·特韦尔斯基探寻了我们行为中这样奇怪的非对称性问题，在我们希望避免损失的情况下，我们倾向于冒险。反之，当涉及获利时，我们就会选择规避风险。你也是这样的吗？你会如何回答下面的问题呢？

假设你是一个案件中的被告，原告方要求你赔偿1000万欧元。你的律师打电话告诉你，原告律师提供了用400万欧元和解的可能。当你问律师你完全不赔偿胜算的概率有多大时，律师回答说："目前看来是硬币的两面，一半一半的概率。"

（1）你会选择和解吗？

（2）你还是会选择抗争到底？

大部分人会选择抗争到底。但如果你选择和解，那么祝贺你！

4.3 不应被考虑的沉没成本

假设你是某公司的领导,你的法人代表正在讲述一个计划:如何改造产品设备和系统程序。他提出,如果你批准了这个计划,那么下一个五年,公司可以节省大约1000万欧元,同时也可以明显减少工业废气的排放。你的审计员反驳道:"真可笑。那我们去年为了减排、花费500万欧元安装的过滤装置怎么办?你现在打算让我们这个装置报废吗?我们就直接把钱扔了?"假设法人代表提供的数据是真实的,那么审计员是对的,还是他犯了一个逻辑错误呢?

事实上,这500万欧元是所谓的沉没成本,即不可逆转的成本,是过去产生且已经支付的或者由于过去的决策不可撤销的、现在或将来积压的成本。尽管如此,沉没成本常在决定过程中被放在衡量的天平上，这种举措是错误的。正确的做法是不再让决策受沉没成本的影响。由于这笔成本不依赖于决策者的各种选择，因此，它在各种行动选项之间做理性决定时不应被考虑。

此外，还有一种情况。

> 你是一家飞机制造企业的领导，你允诺了一个预算100万欧元的新飞机制造计划。在花费了90万欧元后，一家对手企业在市场上推出了一款新型飞机，其所有方面都优于你正在制造的飞机。你还会把剩下的钱继续投入这个项目吗？

实验结果是在第一组当中，有85%的受试者给出了肯定的回答。第二组实验因为没有列出具体的投资数额，只有17%的受试者愿意把项目进行下去。

无法停止持续投入的这一现象，被称为"协和飞机案例"。这种由英国和法国共同研发的超音速飞机，其成本费用在研发过程中大幅上涨。在花费了原计划研发费用的一小部分后就已得出结论，这一计划不可能盈利。但两国在此项目上越陷越深，最终支出了原计划四倍的生产费用。运营后协和飞机持续亏损，不过这架飞机最后成了荣誉的象征，英国人和法国人都以此为傲。

即使已经知道仅会有微弱的价值与盈利，很多项目还是会按原计划继续进行下去，只因之前已经投入了很多。因此，许多人会继续投资在多个机会都没有抓住的员工身上。他们紧紧抓住自己并不喜欢的事业和社会关系，修理没有使用价值的老汽车，在已经失败的项目上继续投入资金。在此需要注意，过去的已经过去，投出去的钱已经无法挽回，已经发生的事情也已经发生。无论做什么，损失已不可避免，唯有及时止损，才能避免损失得更多。

你能够做出清晰的切割吗？请你用下面几个问题来验证想法。

◎ 我今天就要接受这个职业或这段关系吗？

◎ 我今天就会收购这家企业吗？

◎ 经过深思熟虑后，我会继续投资这个项目吗？

◎ 我会选择重新开始这个项目吗？

如果你认为评估全局有困难的话，可以请教别人提供建议。从更多的角度，全面看待问题。

4.4 思维中的对比陷阱

请想象一下,你获得了一次旅行的机会。你可以选择去罗马或者巴黎度假,酒店、交通、餐饮等一切费用都已经包含在内。这不是一个容易的选择,两座城市相差巨大,目的地的气候、生活方式、饮食、文化习俗都大不相同。此时,如果再增加第三个选项,而这个选项与第一个选项十分相似:假日在罗马度过,除了早餐没有咖啡之外,其他费用全包,不过你得自己花钱买咖啡,一杯咖啡2.5欧元。这对于另外两个选项来说,是相对较差的一个,不过令人惊奇的是,经过没有咖啡的第三个选项,带有咖啡的罗马选项似乎变得比大都市巴黎更有吸引力了。于是,大部分人都选择了带有咖啡的罗马假日这个选项。

通过一个小技巧,就能让我们感到可以获得一些额外的利益,这和用一张便宜的机票飞往米兰的名牌折扣店是同样的效果,在消费者心里产生一次性节省两项开销的感觉。丹·艾瑞里的另一个例子也很好地印证了这一点，下面的例子涉及订阅报纸的三种选择，其中一个选项不具备明显的优势。

网络版订阅	59美元
纸质版订阅	125美元
网络、纸质组合订阅	125美元

麻省理工学院的一项测试询问了100名精英大学的学生，他们的选择占比结果如下。

59美元的网络版订阅	16%
125美元的纸质版订阅	0%
125美元的网络、纸质组合订阅	84%

我们需要定位的基点，由此出发，可以看出选项有更多还是更少的吸引力。而这些技巧会在不知不觉地转移我们的评价基点。

这无疑是一种具有批判性的消费选择。如果你收到一封邮件告诉你赢得了幸运大奖，或者突然收到信息声称你作为第10万个访客将获得超级奖品，那你很可能会质疑而非感到惊喜。当美国的高端厨房配备公司威廉姆斯-索诺玛向市场推出一款价值275美元的烤面包机时，没有人会购买。人们在想，谁会需要这么一个东西呢？但这款机器并没有因此下架，当第二款价格高出50%的烤面包机被推出时，人们发现自己很需要购买第一款标价275美元的机器。

4.5 可疑的损失最小化

马丁·舒比克开发出了一款游戏，竞拍物为1美元。拍卖底价是1%，即1美分。出价最高者可以得到这1美元。这个游戏根据拍卖的一般规则进行，除了一个特例。这个特例是，不仅最后一个出价者必须付钱，第二高的出价者也必须付钱。出价最高者需支付价钱，且得到这1美元，而第二高的出价者支付价钱，且得不到任何东西。

1971年，这位经济学家公布了这个游戏，并经常和自己耶鲁大学的学生玩这个游戏。他在报告上说，根据游戏经验，这张1美元的纸币在聚会上平均拍卖成交价为340美分。舒比克不仅收取成交者的钱，还收取第二位高出价者的钱。这样他就能收入将近7美元。此后，在许多精心计划的心理实验中，这个游戏都产生了非常相似的效果。

尽管这个游戏规则可能不太公平，让没有成交的出价者也付钱看起来是没有根据的，即便如此，还是不断地有人进入这个游戏，心甘情愿且有意识地准备好支付这1美元三到四倍的价钱。重要的是，他们并不是为了一个价值1美元的物品这样做，这样的物品在个人的主观价值中可能达到了任何高度。他们为的仅仅是一张非常普通的1美元纸币。

按照正常人的逻辑，游戏者的行为是难以理解的，出于不想作为倒数第二位出价者有所损失的心态，就是整个事件的动机。

舒比克在报告中写道："最好是有很多人都参与其中。根据我的经验，这个游戏最好是在聚会上玩儿，调动气氛，而且当至少有两次出价时，人们开始推算的想法才蔓延开来。"这样，每次出价最多可以增加10美分，以避免有人一次就喊价99美分而毁掉这个游戏，如此，会让接下来的出价变得没有意义，因为这之后就不再有人盈利了。不过即使在这种情况下，也会有人故意想为此出价100美分，因为他希望出价99美分的人输掉。通常，游戏到此不会停止，而是会在一个更高的水平上继续进行。

一般来说，在游戏中存在三点问题。第一个有问题的点是游戏究竟是否开始运行。在聚会上大多都是这样的，游戏中的"拍卖人"建议玩这个游戏，解释了游戏规则后开始询问："有人想用1美分买1美元吗？好的，你出价1美分。有人想花2美分买1美元吗？"如果有两人出价，那么游戏就可以进行下去。但如果此时游戏参与者的想法相对理性："如果我花22美分可以得到这1美元，那我之前为什么要出价20美分来浪费我的钱呢？"更可怕的是对手也有同样的想法："我宁愿花费23美分来买1美元，也不愿意让我的21美分打水漂。"

第二个有问题的点发生在出价达到50美分时。现在下一个出价者至少要出价51美分。他也许会想，如果继续加价，拍卖人无论如何都是有盈利的。不过通常来说，他会打消这个念头，然后告诉自己这同样也是一笔好买卖。在这个点上，如果拍卖人稍微催促一下会有帮助，但大多数的时候没有必要。一旦游戏者出价超过50美分，下一个出价基本上会有意识地将筹码提升到99美分。

第三个问题的点发生在当有人准备为1美元支付100美分时，在这一瞬间他可能会认为最终不会损失。但他前一名出价者知道自己如果现在放弃，就会损失99美分，而如果出价101美分就可以成交的话，只会损失1美分。虽然他知道这不理智且拍卖人会赢得这场游戏（其实在出价超过50美分时就已经是这种情况了），如果其他游戏者不再出价，他只损失1美分而非99美分。但是，如果他的对手在这样的出价后也陷入同样的思考：如果停下来就损失1美元，但如果出价102美分可能就只损失2美分。一般来说，即使双方不再有兴致，游戏也会继续热闹地进行下去，而最津津有味的是一旁的围观者。

当笔者给别人讲述这个拍卖游戏时，大多数人的反应是人们绝不可能上这种当，而笔者却对此保持怀疑。不仅是因为笔者在演讲时已经有几次用1欧元拍卖取得了成功，还因为笔者通过对日常行为的观察发现了其他类似的事情。在我们生活中，有许多情形都与这个拍卖的情形有着异曲同工之处。如我们等公车的时间越久，就越难决定去打车，即使我们到公车站之前就很赶时间并且考虑过要打车；我们看一部糟糕电影的时间越久，就越想要把它看完，尽管影片中出现有趣场景的概率越来越小；电视节目的策划人知道这一点，在电视剧将要结束时放置更多的广告，因为观众在这时候转台的可能性会非常小。

根据拍卖逻辑进行的还有罢工。通常来说，罢工对雇主造成的损失要比满足要求的损失更大，雇员的收入损失也常常高于满足要求后十年内带来的净收益。即便如此，双方都会试图比对方忍耐更长时间，否则输家就会因罢工收入损失而一分钱都拿不到。在大多数的罢工中我们可以看到，双方争论是怎样从具体问题转移到原则问题上的，这与拍卖游戏中价值体系的转变是相似的。

在这种情况下，一个明智的调解人是很有必要的。调停者有一个久经考验的做法，就是抛出一个新的问题，这个问题对罢工来说看似丝毫不重要，而且是雇主和雇员都从未想过的问题，比如新工作服的问题、食堂饭菜的问题，等等。这样双方可以通过一个简短的争论达成一致，之后就能不失颜面地结束争论。

应聘岗位同样也是根据拍卖逻辑进行的。写求职简历付诸的辛劳越多，成功的概率就越大。然而最后只有一位求职者能取得"胜利"，其他所有人的辛劳都白费了。拍卖的原则使很多人被套牢在不合适的工作岗位上或另一种较差的情况下。有人会说，如果不是之前已经付出如此之多，80%的人想一夜之间就把"旧"生活抛诸脑后，但也正是因为人们能在一定情况下与负面情况妥协，因此，才有那么多人有争取一下的想法。

4.6 情感体验对决策的影响

几周前,你花了25欧元购买了一张有不同乐队同台演出的露天音乐节门票。音乐节当天时不时下雨,冷得出奇。你的内心更想待在家里,即便如此,你还会去音乐节吗?假如票不是买的而是赢得的,你会做出与目前同样的选择吗?对此,你会感到很惊讶,因为虽然是同样的金额而你却做出了不同的选择。有这样选择的人不止你一个,卡尼曼和特韦尔斯基通过实证证明了这一点。他们向受试者提出了以下问题。

(1)你计划去看10欧元的剧院演出。在去剧院的路上你丢了10欧元,你还会买剧院的门票吗?

(2)你已经买了10欧元的剧院门票,但是在去剧院的路上门票丢了。你还会花10欧元买一张新门票吗?

在这两种场景中，如果坚持要去剧院看演出，客观来说都花费了20欧元。但在第一个问题上，有88%的受试者给出了肯定的回答，而在第二个问题上，只有46%的人给出了肯定的回答。结果为什么会这样呢？美国行为科学教授理查德·塞勒首次提出了心理账户的概念：由于消费者心理账户的存在，个体在做决策时往往会违背一些简单的经济运算法则，从而做出许多非理性的消费行为。人们倾向于把不同的花费划分到不同的心理账户中，即人们在心理运算的过程中并不是追求理性认知上的效用最大化，而是追求情感上的满足最大化，情感体验在现实中对人们的决策起着重要作用，这种运算规则被称为"享乐主义的加工"。这一概念使卡尼曼和特韦尔斯基开始进行实证研究，在第一个问题中，丢失的钱和门票显然被归入了不同的账户（"倒霉"账户和文化账户），理查德·塞勒称之为账户分离。由此，主观上人们会认为看剧场表演只需要10欧元。在第二个问题中，两笔钱都被归入文化账户。如果人们选择了这一组合，那么主观上，看剧场表演就要花费20欧元，这让人们在心理上会认为好像增加了花销成本。

分离和融合并不是自动行为，一位计算机销售商花费3000欧元买了一台计算机，在同一天再以4000欧元的价钱卖出。从融合的角度出发，他获利1000欧元。但是从分离的角度出发，他损失了3000欧元，以及获利了4000欧元。重要的是最后将账户合并计算，但我们并不总是这么做。我们常常把记账技巧置入一个价值评估的复杂系统中，这让我们不总是非常舒服。

我们不会像计算器一样纯粹按照数值来计算金钱的数额，而是会根据其相应的用途来计算，并会开启一个广泛的应用领域。个体内部差异研究者认为一个评估在同一个人身上也会产生变化，比如，依赖于他当前的基准点。如果他在一个转盘之夜第一轮的游戏中赢得了100欧元，这相比于已经赢得了10万欧元然后在第二十次游戏中又赢得100欧元更能让他高兴。在多种情况变化中，评估会依赖于情况的变化而变化。当你想在自动贩卖机上买东西时，一个50欧分的硬币就有了更大的用途，且在多种情况的变化中，人与人之间对用途的看法也随之变化。因此，相比一名普通经理，100欧元对于一名实习生来说有着更大的作用。

事物于我有多少价值，似乎是一个很大的变量，它依赖于不同情况和主观判断。这就为一切可能的诡计托词、虚假赞美打开了大门。据此，研究者总结出：人类倾向于享乐主义的记账。人们会组合得失，然后使自己心理上拥有最大的主观价值。重要的是，人们会在最后认为钱是花到了正确的地方。

4.7 决定是内心的投射

我们对自己个人的所有物尤为关切,首先这不是什么令人惊奇的发现。因为它可能是一位重要的人送的礼物,也可能是一笔遗产。有可能一个决策过程很费力,但我们总是坚信自己做出了正确的选择。也许购买与美好的记忆联系在一起,一个在罗马度过的周末,第一笔挣到的钱,实现一个长久以来的梦想。这类事物对我们来说有着特别的意义,或者有些时候,我们被自己的思维给欺骗了。

加拿大心理学家杰克·克内奇认为,我们会把任何自身的投射纳入自己的所属物上,并且之后不想再放手。在他与丹尼尔·卡尼曼和阿莫斯·特韦尔斯基共同撰写的论文中阐释了他的观点。西蒙弗雷泽大学的学生们填写了一份调查问卷并获得了一份奖品,回答问题不是特别费时。但学生们不知道的是,重要的不是调查问卷,而是他们如何看待奖品。他们也不知道实验分为三个组别：第一组在完成问卷后获得了一个印有大学LOGO的杯子，第二组获得了一盒400克的黑巧克力，第三组学生可以在以上两种奖品中任选其一。

第三组学生中有55%的人选择了杯子，对他们来说，两种奖品价值似乎相同。但当另一组学生被告知可以交换奖品时，他们的反应就大不相同了。他们很明显地产生了这样的感觉，拥有杯子的人中仅有11%的人认为巧克力更吸引人，而拥有巧克力的人基本不愿意将奖品换成杯子，且仅有10%的人愿意用巧克力交换杯子。

研究者通过无数实验检验禀赋效应（禀赋效应是指当个人一旦拥有某项物品，那么他对该物品价值的评价要比未拥有前有所提高），用其他带有大学标志的杯子、圆珠笔代替了简单的奖品交换，或者保留了商品的价签。结果是拥有者不愿意拿出自己的物品作为交换，且拥有者比潜在买家为已拥有物品估算了更高的价格。当人们用优惠券或筹码来进行此类行为时，就不会出现这样的认知曲解。该研究表明，我们内心在意的是消费品本身，而非抽象数字。

请你试想一下，五年前你花费100欧元买了一幅画，目前价值1000欧元。其他人至少要出价多少，你才愿意卖这幅画？

目前，如果有一幅同等质量的画，你愿意花多少钱购买？理查德·塞勒认为，酒窖的主人拒绝以200美元买他珍藏酒的建议，然而如果问他，假如酒瓶摔碎了，他会花多少钱购买一瓶新酒补上时，他回答说："不超过100美元。"

4.8 展望：理论和实践

1968年，丹尼尔·卡尼曼和阿莫斯·特韦尔斯基第一次在耶路撒冷的希伯来大学相遇。他们的合作研究基于一个良好的基础。卡尼曼回忆道："我们经历了好运，就像共同拥有了一只传说中会下金蛋的鸡。我们有相同的理想，这要比我们单个人的智慧要强多了。"

丹尼尔·卡尼曼作为年轻科学家，当时已经是心理学理论实践的专家。他参与协作了严格的反馈条件下的资格测试、移民项目和示范训练，而阿莫斯·特韦尔斯基则是人类评价和决策方面的专家。他们一个在白天工作，另一个则是夜猫子。多年来，他们会在每天下午见面谈话，完善他们的假设、发展新的测试情境。通过这种方式，这个团队可以说是全天24小时工作。

丹尼尔·卡尼曼和阿莫斯·特韦尔斯基两人都拥有强劲的

批判性思维，没有把大量的精力放在修缮当时的主流意识上，而是系统性地观察每一个不符合实际的现象，批判性地检验了认知曲解反复不断出现的地方。除此之外，他们还发展出用简短的问题引出决策情况的技术。令人激动的是，他们发现微小的情况变化会带来完全不同的答案，并以此定义了锚定效应、框架效应和后视偏差，之后又定义了心理账户、现状效应以及禀赋效应等。

此后，他们新的展望理论适用于替代传统国民经济学的成本—收益模式。这个新理论以及他们在行为经济学研究领域的杰出贡献，使他们获得了2002年的诺贝尔经济学奖。由此，特韦尔斯基获得了斯坦福大学的教授职位，卡尼曼获得了伯克利及普林斯顿大学的教授职位，并与理查德·塞勒、杰克·克内奇和丹·艾瑞里共同研究创立了一个新科学。这个新理论的秘密究竟是什么呢？

偏见自由和批判思维前面已经提到过，除此之外还有对实证事例的严格检验，这些都属于科学的基本配备。非常值得一提的是，整个实验不放在理想的"控制室"里，因为运用数据之后也必须重新回到现实生活中。卡尼曼和特韦尔斯基从市场参与者的真实行为数据中得出结论，市场参与者权衡一项决策成本和收益时，不考虑确切的数字而考虑他们期望的前景。因为，他们在日常生活中的决策没有其他可用之物。"展望理论"解释了在"有限理性"和缺乏时间及信息的"无把握"条件下的行为，也就是我们每天都会经历的杂乱无章的情形。

在这些条件下，我们尝试着做出最佳的选择。首先，我们要了解情形的概况，且大多数时候要迅速、快捷。此外，还需要预测局势将会如何发展，必要时运用可识别的模式和经验法则，经济学的中心问题是：我能持有我认为有价值的东西吗？有可能增加收益还是会有损失的风险？

这或多或少涉及观察的反射。与感觉热和冷相似，我们也没有一个内建的客观标准。我们不能准确区分21度和23度，但当我们离开房间时，却可以非常准确地说出屋内是否比屋外热。如此，在决策压力下我们根据情况确立了标杆，根据这个标杆我们可以判定一个事物是盈利还是亏损。抛出一个固定的"锚"在这里是相当有意义的。

我们观察的加强框架效应、贯穿联系和三维解读获取的数据都是自发的。同样自发的是，从已有的资料中形成经济观察并生成概况图像，这个概况让我们可以选择能获盈利的评估。即使在很差的条件下得出合理结果的概率也惊人得多。有时我们错得离谱，而有些人得到的正确结果的概率却超过平均值。

卡尼曼和特韦尔斯基发现，我们对情况的不同解读会产生完全不同的行为方式，当想要保持现状或有所盈利时，我们会变得保守和小心翼翼。如果有损失的风险，我们就会全力出击、让自己冒险且无畏，这在生存诉求上也是可以理解的。然而，只需微小的变动或改变信息的表述就能把一种行为转变为另一种。在此，基本的行为过程会自动进行。这并不是说在大部分情况下不会带来有用的结果，相反，决策能力可以通过提高判断力、专业知识获得极大的改善。

最后，这两位心理学家将研究理论公式化，也就是用数学公式和图表来表示。由此，展望理论就可用于经济科学的讨论，直到今天都还有关于此的激烈讨论。同时，这些公式给科学家们带来了希望，他们认为比从研究结果中再次计算出某些认知曲解要权威得多。

第 5 章

我们是如何掉入陷阱的

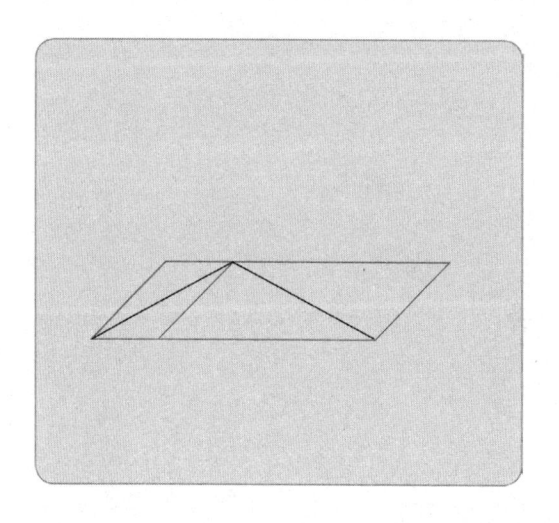

桑德平行四边形错觉：图中两条线段一样长吗？

桑德平行四边形错觉

把桑德平行四边形中的对角线看作向后倾倒的矩形,两边看起来不一样长。如果用一个圆点在对角线顶点的圆去替代梯形,就能看出这是一个等腰三角形。实际上,这两条线的长度是一样的。

5.1 错误估计

假设你在赤道上紧贴着套上一个钢圈。我们认为钢圈周长为40000千米。现在你将一处切断,加上一段长1米的钢线,再把它焊接起来。现在钢圈周长为40000.001千米。试问钢圈现在离地多远?钢圈直径会扩大多少?

(1) 约16纳米

(2) 约16微米

(3) 约16毫米

(4) 约16厘米

答案:厘米数值是正确的。直径会增加286328米,试验几次米绳计算。

这一运算适用于每一个圆,不管圆之前的直径是多大,由于三角函数是线性的,圆周率 π 固定不变。也许你想不起数学课的这个部分,而是根据自己的日常经验,试图猜想这个数值，于是你输在了这个数量级上了。我们无法简单想象添上的1米与赤道周长40000千米的关系比例。你是否已经知道厘米数值是纳米数值的1000万倍？在这些情况下，你就极大的错误估算了。

我们已经知道，在毫无合适解决策略的情况下，我们会转成认知节省模式。这里涉及的数量级应该会给你一个清晰的信号：不要直觉性地估计。要掌握概况，可以用一个统一的码尺去换算这类问题。一旦你开始具体想象40000000米与0.000000016米之间的差距，那么，你用目测和心算肯定是行不通的。

而这道题甚至是还算直观清楚的题目（也许正是因为直观，才让大部分人误入歧途……）。在书中这一部分，你还会面对一些极大超越我们想象力的问题，而且这些问题来得比我们思考得要快，这类现象就是指数增长。不幸的是，它出现在大量自然的和经济学的过程中。从下面一个小故事中，你可以清楚看到，我们的观察力是怎样将我们置于困境的。

一位印度人发明了国际象棋，想要把这个新游戏介绍给他的国王，但国王冷淡的反应令他失望。国王显然没有理解这个游戏所蕴含的可能性与策略维度。为了向国王展示这个维度的可能性，这个聪明的印度人拒绝国王赏赐的从宝库中拿走任何奖励。

他请求国王自己可以得到放在棋盘上的米粒，国王爽快地答应了，并且很高兴可以打发走这个怪人，然而第二天国王的不屑一顾就荡然无存了。原来，这个游戏的规则是这样的：第一个棋盘格子里放一粒米，第二个格子里放两粒，第三个格子放四粒，第四个格子放八粒，以此类推。宫廷记账官经过缜密的计算告诉他，整个王国无力满足这个要求，因为仅在最后一个棋盘格子上要放置的米粒数就是2的63次方。这大约是9223372036854775808粒米，约等于1亿5300万吨米或5000吨船的3100万次装载。在倒数第二个格子里，轻率的国王必须装载最后一个格子里米粒数量的一半，倒数第三个格子里装载最后一个格子里米粒数量的四分之一，以此类推。

我们会直觉性地低估那些大幅上升曲线的增长过程，不管它们是销售额、负债还是其他。即使我们会得到持续稳定的反馈，我们还是不断地将其改为线性估算，并在真实情况的变化下奋力追赶。很明显，我们只能在一定程度上事先正确预估那些直线型进行的过程。因此，德国心理学家迪特里希·多纳建议，在大多数情况下要摒弃直觉，理性选择启用数学计算或计算机。

5.2 计算风险也是相对的

你参加了一个两轮彩票活动。每一轮中你都有50%的概率赢得大奖。请问两轮都赢奖的概率有多少？

你参加了一个两轮彩票活动。每一轮中你都有20%的赢奖概率。请问两轮都赢奖的概率有多少？

答案：第一个问题的正确答案是25%，第二个问题的正确答案是4%。

值得注意的是，大多数人第一个问题都能回答正确，相比之下，第二个问题仅有1/6的人回答正确。许多人第二个问题的答案不是正确的4%而是30%。原因非常简单，我们大多数人对分数计算掌握得比百分率计算要好一些，一半的一半就是1/4，转换过来也是没有问题的。50%就是1/2，25%就是1/4。但20%的20%是多少呢？我们不去计算，而是开始有些担心地估计，反正比1/4的概率要小。在他们的猜测模式中，已经忘记在第一轮活动中赢的概率并没有达到30%。在这里，其实简单的心算就可以帮助我们得出结果，1/5的1/5是1/25，0.2乘以0.2等于0.04。从0.04转换成4%或许不那么容易。

所谓的条件概率（是指事件A在另外一个事件B已经发生条件下的发生概率）使我们中的大多数人受到干扰。我们持续地游走在复杂的相互关联中，在日常生活中，到处都存在相互影响和其他的依赖。对此，我们应该如何应对呢？

> 建立一个技术系统，如果所有500个系统零件都正常运行，那么整个系统也就会正常运行。每个单独零件都被检测过，检测结果是99%合格。系统在第一次投入使用时，正常运行的概率有多少？

答案：概率明显低于1%，0.99的500次方是0.00657，也就是0.657‰。

与此类问题相反的提问，即有99%的概率对于日常生活中单个事件来说是确定性的。比如，有99%出太阳的概率，你就不需要带伞出门，即使天气预报通常来说不那么靠谱；对于技术设备和复杂的金融体系来说，99%却在大多数情况下并不足够。当单个部件的风险叠加到令系统停运时，即便是99%的概率也完全不够了，因为单个部件之间也会相互作用、联系。

　　项目为何无法准时完成通常涉及的是复杂性和可靠性之间的关系。为了重新考虑复杂策略的盈利机会，可运用"懒人原则"（Keep it Simple，是要把一个产品做得任何人都会用）的智慧。具体方法有以下几点。

　　◎ 请在你的估计中建立一个巨大的缓冲器，制定一个策略和计划b作为整体计划的一部分。

　　◎ 然后问自己："如果……发生了，将会怎么样？"

　　◎ 想象一下计划可能会失败的原因。

　　◎ 事先定义成功和失败。

　　最重要的是，不要在面对你最好的客户和令人不悦的竞争对手时，掉入思维陷阱。确信的错觉，只是要在衡量可信性时，请你保持清醒。当某人向你推荐一个"肯定可信的解决方法"时，请你保持怀疑。一个显而易见的事实是，没有无风险的事情。评估或者计算风险，绝对不是容易的。

5.3 牌桌上的乐观主义

当天色渐暗，一天将要结束时，亚当和夏娃会思考什么呢？在他们看来，第二天太阳重新升起的概率有多大？如果他们是当代哲学家，他们可能会用无差别原则来解释："如果没有理由说明，不同可能发生的事件中哪一个会先发生，那么就将事件视为有同等概率。"这让他们想起了自己经历的第一个日出（也是到目前为止唯一的一个日出），并期待着日出是否会再次发生。

伴随着之后每一次朝霞，他们都会准备迎接夜晚。假如他们一开始猜测日出或无日出的概率各为50%，并根据不同结果分别在树的左右两侧刻下标记。当他们之后每经历一次日出，就在"有的一侧"新加一处标记，那么之后他们可以看到，他们对此的肯定程度在第二天增长为2/3，第三天增长为3/4，第十天增长为10/11，以此类推。

1812年，法国数学家皮埃尔-西蒙·拉普拉斯才发现了这个推演公式：（n+1）/（n+2）。根据他的理论，对于一个55岁、经历过约20000次日出的人来说，太阳第二天重新升起的概率是：20001/20002，也就是99.995%。即使亚当和夏娃悲观地假设从1/100开始，那么，当他们度过了100个夜晚后也会得出一个乐观的结论。

你三次都抛出硬币人脸朝上一面的概率有多大？你三次都未抛出硬币人脸一面朝上的概率有多大？

答案：两小问题的答案都是 1/2 × 1/2 × 1/2 = 1/8

或者：0.5 × 0.5 × 0.5 = 0.125

现在，在一局测试中连续抛出了三次人脸朝上的一面。这就意味着，下一次是数字而非人脸朝上的概率就一定大于上一次吗？答案是否定的，因为一半的概率与所谓的"大数定律"（即在随机事件的大量重复出现中，往往呈现几乎必然的规律，这个规律就是大数定律）有关。你抛硬币的次数越多，就越接近一半的概率分布。我们假设亚当和夏娃被放到一个不间断三抛硬币的循环中，在100次循环抛币之后，两人或许还不能确定概率数值，或许1000次循环之后也还不能。最晚在

1000000次三抛循环后可以确定，每8次循环中有一次循环能连续抛出三次人脸面朝上的硬币。

人们总感觉下一次扔骰子会掷出一个六，因为已经很久没掷到六了，或者在转盘游戏中连续出现三次红色区域后，人们会感觉下一次指针就会进入黑色区域了，这种感觉是不对的。涉及几个经典游戏的错误结论如下所示。

◎ 一个偶然事件如果长时间没有发生，那它发生的概率就会增加；

◎ 一个偶然事件如果已经发生过一次，那么再次发生的概率就会减少；

◎ 一个偶然事件如果长时间没有发生，那它发生的概率就会减少；

◎ 一个偶然事件如果已经发生了一次，那么再次发生的概率就会增加。

以上的所有结论都是错误的。新抛一次硬币的概率以及新一轮赢得游戏的概率都是恒定的50%（人脸面和数字面，红色区域和黑色区域）。每一次掷骰子掷出六点的概率都是1/6。硬币、转盘和骰子都没有记忆。我们的误区是我们相信大数定律一定是在一个我们可见的顺序中出现。

在一座城市里有处两家医院，大医院里每天约有45次产妇分娩，小医院里约有15次。人们可以相信约有50%的新生儿是男孩。当然，这个百分数每天都是变化的。在两家医院一年的记录中，约有60%新生儿是男孩的日子。你认为，哪家医院记录的这类天数更多？

答案：小医院确实丰均值的天数更多。大医院由于重复的巨大概率，因此更接近总体丰均的概率。

卡尼曼和特韦尔斯基把这个例子展示给受试者。其中，约有1/4的受试者猜测答案是大医院，有1/2的受试者认为两家医院60%的概率应是一样的。因此，有3/4的受试者都答错了，只有1/4的受试者给出了正确的答案。卡尼曼和特韦尔斯基认为此处是代表性启发式在起作用，大医院与高百分比这样的相似性导致相应的概率。

总的来说，总体平均分布概率只出现在大概率中。有效的概率数值不是根据任意子集决定的。研究道路上的分岔路就是从少量的样品中获取的偏离结论，但这些结论看起来也很有说服力。

5.4 重复推导,降低风险

你得到一张稀有病症的诊断书,这种病在10000个人当中才有一例。你的医生确定检查结果有99%的可信度,你会因此感到担心吗?

答案:如果没有其他可理解的信息,那就不用担心。因为检查结果表明,你没有患病的概率是99%。

假如这个检查的可信度为99%,那么在10000个被检查的人中,除了1名真正的患病者,还有1%的人被误诊,即100个人。也就是说101张确诊病例中只有1张是正确的;这个比例是1∶100。因此,一张确诊病例显示真实病症的概率是1%。你是否感到很吃惊?不过,还有比这个更令人吃惊的情况。

1998年,教育研究家格尔德·吉仁泽向医生展示了这个问题,但只有不到1/5的医生能正确估算出这个概率。

你参加了一个常规预防检查。1000名市民中有1名市民检查出得了一种病。这个检查有5%的误诊概率。你的检查结果是确诊得病了，那么，你真正得病的概率有多高？

（1）95%

（2）19%

（3）超过50%

（4）约2%

答案：номер 4 的答案是正确答案。

你得病的危险概率是极低的。你想到这一点了吗？在这里，把基准量摆在眼前可以再次帮助我们理解，在1000名被检查的人中有999名未得病，因此可以得出，得病的那个人检查结果是确诊的，然而这个检查把另外50人也确诊为患者（误诊），因此，确诊总人数（51名）中只有唯一一个人真正得病（约2%）。此外，有80%被询问的医生都认为这个问题答案应该是95%。

多年来，格尔德·吉仁泽执着于与令人们迷惑的百分比数值做斗争。通过研究，他不断揭示出即使专家也无法洞察所有统计数字之间的联系，他们会寻找合适的数值，使客户、病人和大众支持或反对某事。除了对参照群组的忽略和误诊比例外，检查可能还会错误进行，我们大致会想到测量错误或样品混合。因此，即使能以各种数字记录数据，也一定要注意在诊断中，应该采取重复取样检查。

相对的风险数值是非常适合制造恐慌的。你是否曾经被早餐面包噎到，起因于你在早报上读到高胆固醇水平的男性得心肌梗死的概率上升了50%？这个让人警觉的数字是怎么得来的？据统计显示，在未来10年内，100名胆固醇超标的50岁男性中将有4名得心肌梗死，而100名胆固醇未超标的50岁男性中预计有6名将得此病。因此，从4到6名的增长概率为50%。

如果把较高数值相互联系起来，显示出来的结果看起来就不那么骇人听闻了。有100名正值壮年且胆固醇水平低的男性，在未来10年里有96%的概率不会得心肌梗死。而那些胆固醇水平高的同类人群不得病的概率为94%。如此看来，风险增长值为2%。根据经验，这类据实数字不会帮助人们真正地改变行为。

数据会对人们有很大的帮助。在人们做重大决定时，总是能够帮助人们很好地观察选项之间的对比数据，从而了解目前问题的不同方面以及其中的侧重点。

英国一个研究团队指出,人们可以科学地把结论通过不同的方式展现出来。一个随机抽样调查对比了心脏病的两种不同的治疗方式,并得出以下结论,具体内容如表2所示。

表2 心脏病的两种不同治疗方式的对比

治疗方式	需治疗人数	死亡率
支路手术	1325名病人	350名死亡(26.4%)
药物治疗	1325名病人	404名死亡(30.5%)

通过表2可知,选择支路手术比药物治疗减少了54个死亡病例,因此,得到了更好的治疗结果。这个调查结果总结为以下4点。

1.绝对的风险降低值为4.1%(1325名病人中的54名或30.5%相对于26.4%)。

2.相对的风险降低值为13.4%(54名存活病人相对于404名死亡病人的概率)。

3.手术治疗的病人存活率为73.6%，药物治疗的病人存活率为69.5%。

4.为避免死亡而必须进行手术的病人数是25名。

这些描述事实上完全一致。英国研究者把它们分装到4份申请资料中，展示到卫生局决策者的面前。专家们与读晨报的读者一样，也落入了数字陷阱。他们选择了相对风险降低值的项目，在专家们看来用途最大。备选第二位的是列出了必要手术病人数的项目，目的是拯救病人的生命。远远排在后面的选项是绝对风险降低值与对比存活病人的数据。

总的来说，这里清楚地呈现出两种选择方式：1.如果你想卖出什么东西，就要使用更清晰、更准确的数据。2.如果你想买入什么东西，就选择相对保守、低调的数据。

5.5 冒险者的游戏

阿尔弗莱德、伯恩德和卡尔三名射手正在进行两轮一对一的决斗。在第一轮中，每个人可以根据名字首字母的顺序自由开枪，首先开枪的是阿尔弗莱德，然后是伯恩德，最后是卡尔。第一轮的幸存者再次根据名字首字母的顺序对一名对手开第二枪。每位决斗者的结果评判方式如下：最佳结果是独自存活，第二好的结果是作为两名幸存者之一，第三好的结果是没有人出局，最差的结果是自己被淘汰出局。阿尔弗莱德（以下简称A）是一名成绩很差的射手，他的命中率为30%，伯恩德（以下简称B）的命中率为80%，卡尔（以下简称C）的命中率为100%。对于阿尔弗莱德来说，可以选用的最佳策略是什么？

我们来逐一观察一下这些选项，如果第一轮中A向B开枪并命中，就等于签下了自己的出局判决书。下一个开枪的会是C，且C百分百命中。此处C不可被忽略，因为如果按照上述操作，C就能得到自己的最佳结果。因此，A朝B开枪似乎不是特别有意义的选项。如果A朝C开枪并且命中，那么最佳射手就没有了，就还剩下B。B就会朝A开枪，如果A淘汰掉了C，那第一轮中A的存活概率就是20%（根据B的目标命中率计算得出）。如此看来，以上两种选项都不是特别占有优势。

实际上，A最好的策略是在第一轮朝空气开枪。如此一来，B就会朝C开枪，假如没有命中，就轮到C开枪把B淘汰。在第二轮中，A的存活概率至少为30%，这也就是他射中C的概率。

大多数时候，人们获胜的可能不仅依赖于自身的能力，还依赖于面临的对手。一个没有任何威胁的弱势参与者可以在较强对手相互攻击出局时留到最后。尽管C是最好的射手，但他在第一轮存活的概率只有14%。因此，"最强者生存"是否能取胜还要看具体情况。如果A朝C开枪，那B从游戏中活着走出来的概率是60%。而当最差射手实行了看似疯狂的策略、朝空气开枪时，一切就重新洗牌了。因此，B只有14%的机会存活下来。

如果涉及的不仅是概率值的依赖性，而是可选择不同游戏路数的人，博弈论就会派上用场。20世纪初有数学家们指出，竞争游戏的规律与国际象棋一样有迹可循。这些规律已完全发展出一套繁茂的科学分支，主要在生物学、社会学和经济学方面发现了新知。由此，也打开了一个博弈变量的广泛范围。范围一端标志着所谓的零和博弈，并且最后只有赢家和输家，而另一端则是所谓的合作博弈，其中参与者共同努力完成一项任务。

通过博弈可以确定和对比价值分配，比如一张极高中奖率的彩票，奖品是和比尔·盖茨共进晚餐，那么这张彩票对你来说价值多少呢？你如何将以下奖品分配到一等奖、二等奖和三等奖呢？它们分别是罗马的假日，带有精英大学标志的咖啡杯和一个烤面包机。你又会以怎样的比例交换这些奖品？如多少咖啡杯可以换一个烤面包机？此外，通过这种方式可以测试不同的行为模式，比如你有1/20的机会，也就是5%的概率能够赢得100万欧元，你会用你的汽车作为赌注吗？

一些经典博弈论的研究学者已经找到了多个运用领域，比如胆量博弈测试，相反方向的两车向对方行驶而来，评判标准是谁先让开谁就输了。对每位车手来说，明确的获胜策略就是继续加油行驶，使对方让开。如果对方不让开，就意味着两车相撞；还有一种选择是最理智的，但也是最不吸引人的，那就是车手自己选择让开。但人们究竟会怎么选择呢？

这种特别的紧迫性在于事件的同时发生。只要分割出多个连续进行的行动步数就能缓解紧张，可能让博弈双方的行为变得更透明，为共同的目标赋予更多重要性，可以避免相撞冲突。然而在一场博弈中，一方会通过让对方怀疑自己理性的方式获取胜利。对抗这类复杂棘手的博弈，最好的办法是更高一级的规则，比如道路交通规则和红绿灯，来保证我们在每一个路口都避免冒险而进行"胆小鬼"博弈。

这类博弈的结构通常使当事人采用一些策略，而这些策略总体而言都会产生不如所愿的结果。尽管单个博弈者可能会理性地行动，但仍会产生无效益的工作结果。博弈论可以惊人地展示系统中哪里出了问题，以及人们如何用反馈、惩罚和激励的方式进行校准，然后从一塌糊涂的境地转换到有建设性的博弈。

博弈论是与合作比赛同等重要的。合作与之显而易见的不同原则是：重复。如果同样的参与者必须不断重复博弈行为，那么，就算再激烈的博弈大多也会缓和。当人们可以事先预知欺诈行为，那欺诈也就无法奏效了。在多个相互联系中，信任是一个对大家都有利的基础。而在我们开始博弈前，就已经带入这一观念了。

在博弈中，研究者惊奇地发现，参与者似乎不理智地准备好放弃本金。这个过程是很浅显易懂的，分配者完全根据自己的意愿，决定把金额（或者一块蛋糕）按多少分配给接受者。接受者只能接受被分配的部分，否则整场交易就会落空。这样双方就什么也得不到。对于分配者来说，经济理性的方式是只提供出一小部分。对于接受者来说，经济理性的方式是接受这一小部分，因为相对应的另一个选择是什么也得不到。不过，人们并不这么做。大部分分配者愿意给出相当大的一部分，仅这一点就已经让科学家们感到震惊了，而让他们更震惊的是接受者的反应，如果交易看起来不公平，他们就让交易落空。很显然，从长远来说，甘愿忍受损失是有利的，他们之所以让交易落空，目的是维持公平的标准和惩罚不劳而获者以及其他捣乱者。

5.6 换一种选择

在一档电视节目结尾的场景中，有三道关闭的门。其中一道门的后面是大奖，一辆汽车；另外两道门后各有一只山羊。根据规则，需要选手选择其中一道关闭的门，然后节目主持人打开另外两道门中的一道，为他展示门后的事物。之后，选手必须决定是否保留原有的选择或者选择剩下的一道门。如果选手换了选择，赢得大奖的概率会增加吗？

答案：是的（虽然这听起来对大多数人来说很难置信）。

游戏开始后，选择到门后有车的概率是1/3，坚持原有的选择就有1/3的概率赢得大奖。当主持人打开另一道门，就把获奖概率提高到了2/3。如果换选项，就有2/3的机会赢得大奖。

当涉及统计和概率的问题时，依靠直觉来判断往往是错误的，因为人们通常缺乏相应的实践经验。这个广为人知的汽车山羊难题，源自美国某档电视节目。1990年，玛丽莲·沃斯·莎凡特在美国周末副刊《展示》（Parade）杂志上发表的一篇文章引起了热议。20世纪80年代，玛丽莲·沃斯·莎凡特被吉尼斯纪录认定为世界上智商最高的人。她在文章中写道，换选择是有意义的，因为这么做会把赢大奖的概率增加到2/3。但这一给出的观点引发了读者的强烈反对，其中不乏自然学科的博士等人。对于山羊难题的兴趣首先并不在于答案，而在于一个问题，即我们如何处理那些与我们直觉判断相矛盾的结论以及如何消除这个矛盾。

玛丽莲·沃斯·莎凡特辩论在杂志《疑点调查人》《纽约时报》上均有提及，之后科学记者格罗·冯·兰多把这个辩论带入进《德国时代周报》。结果还是一样，其中不乏愤怒的数学老师和常理思维代表者。最后，格罗·冯·兰多写了一本关于山羊难题的有趣书籍，这本书同时也是对概率论一个非常好的引入。他在书中用简易的描述解释了以英国数学家托马斯·贝叶斯命名的定理，并表明可以以此定理计算特定概率，进而得出结论当选手选择了1号门（M1），主持人展示了3号门（M3）后的山羊，那么根据打开的3号门（M3）判断2号门（M2）后有车（A2）的概率为：

$$p(A2|M3) = \frac{p(M3|A2) \times p(A2)}{p(M3|A2) \times p(A2) + p(M3|A1) \times p(A1) + p(M3|A3) \times p(A3)}$$

$$\frac{1/3}{1/3 + 1/6} = 2/3$$

$$p(A1|M3) = \frac{p(M3|A1) \times p(A1)}{p(M3|A1) \times p(A1) + p(M3|A2) \times p(A2) + p(M3|A3) \times p(A3)}$$

$$\frac{1/6}{1/6 + 1/3} = 1/3$$

坚持已选的门得出的得奖概率为：

数学公式p(A1|M3)……

现在明白了吗？事实上，冯·兰多清楚地解释了这个繁杂的计算公式。他用了大量的表述使这个问题变得清晰易懂，从可视化到演绎为其他故事。然而，最关键在于这一概率分布涉及的是所有可想到的变量。如果在人们面前多次重复这些变量，在此只会得到同一个结果。

作为节目的参加者，人们在一个具体情况里对一个唯一的决定保持原有的选择或者改变选择。我们大部分人在这种情况下，会像兔子一样紧紧盯着门，只能看见两道紧闭的门和两门之间的选择。随着一道门被打开，游戏迅速被重新定义，然后看起来是50%的概率，这也是很容易理解的。更复杂的计算问题会直接把人们引入思维阻滞。更困难的是，我们还会产生本能的损失规避。如果一开始猜对了正确的门，而经过更换选择丢失了大奖，那会是巨大的遗憾，因为原本可以"拥有"这份大奖的。

山羊难题最好的表述由格尔德·吉仁泽提出，他用了一种固定的分布方式来演绎这个游戏。1号门后有一只山羊，2号门后是一辆车，3号门后面又是一只山羊。下面有3种选择模式。

模式1：选手猜选1号门，主持人打开3号门。在这种情况下，换门则赢，不换则输。

模式2：选手猜选背后藏有大奖的2号门。主持人打开剩下的其中一道门，在这种情况下，不换则赢，换门则输。

模式3：选手猜选3号门，主持人打开1号门。又是同样的换门则赢，不换则输的情况。

总的来说，在2/3可能出现的情况中，换门是获胜的最佳策略。

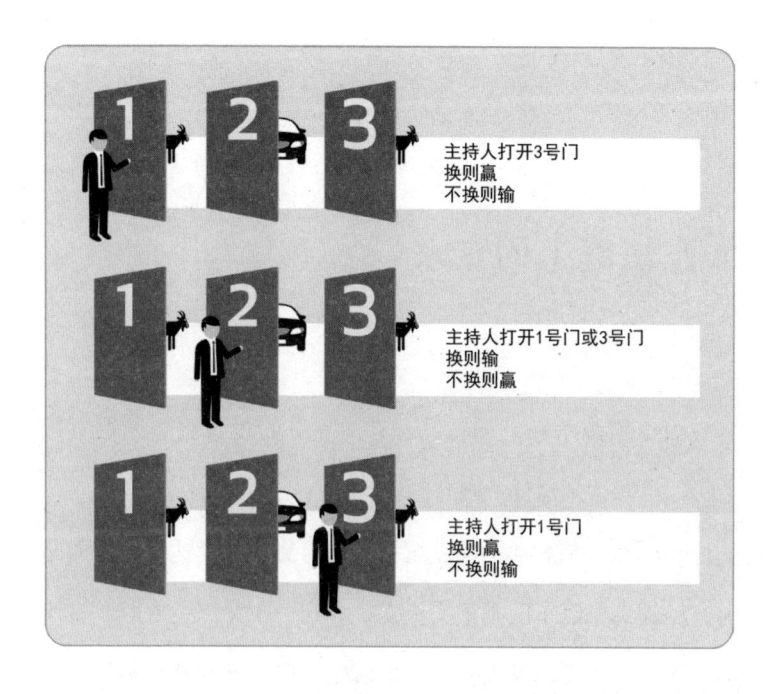

主持人打开3号门
换则赢
不换则输

主持人打开1号门或3号门
换则输
不换则赢

主持人打开1号门
换则赢
不换则输

5.7 法庭上的专家

可以用数学评判罪行吗？在《新苏黎世日报》的网页版上，你可以读到这样一则趣闻。

1964年，洛杉矶的胡安妮塔·布鲁克斯在溜达着回家的路上突然被人撞倒了。她抬头望去，看到一个穿深色衣服、有浅金至深金色头发的女人逃跑，随后她发现自己的钱包不见了，钱包里有40美元。此外，还有一名证人听到她的尖叫，据证人所言，她看到一个梳着深金色马尾辫的女人上了一辆黄色的轿车。车里方向盘的位置上坐着一个黑人，有着长络腮胡和细碎的短胡须。

这一描述符合珍妮特·柯林斯和马尔科姆·柯林斯夫妇的特征。但是他们并不认罪，因此，受害人胡安妮塔·布鲁克斯和证人不能指证他们。于是检察官传唤了一位数学家，数学家从计算柯林斯夫妇有罪的概率情况出发解释道："必须把单个特征的概率相乘。"

检察官持有以下观点：黄色汽车的概率为1/10，络腮胡男子的概率为1/4，有短胡须的非裔美国人的概率为1/10，梳马尾头女人的概率为1/10，金发女人的概率为1/3，同一辆汽车中坐着不同种族夫妻的概率为1/1000。数学家按照之前的建议把数值相乘为1: $(10 \times 4 \times 10 \times 10 \times 3 \times 1000)$。也就是说，在1200万对夫妇中只有一对符合以上所有特征。进而，检察官得出结论，被告没有犯罪的概率是1/1200万，于是，珍妮特·柯林斯和马尔科姆·柯林斯夫妇被判有罪。

后来的上诉程序撤销了这个看似简易计算的判决，法官没有被数字逻辑迷惑，他们找到了这里面的基本逻辑错误和算法错误。一方面，他们缺乏单个特征概率估算的可信基础。比如，同一辆汽车里有不同种族夫妻的概率为1/1000，这里的推断是没有现实依据的。另一方面，单个罪犯特征在何种程度上相互独立，这点在此前也并未得到检验，因此，数值被简单相乘是错误的。除此之外，第一次判决也没有将罪犯有可能戴着假胡须或假发的情况考虑在内。

最后，也是最关键的一点，检察官上了谬误的当，即使以上特征一起出现的概率仅为1/1200万，也不能就以此认定被告有罪。仅在加利福尼亚州就住着约2400万对夫妇，即便这个概率极其微小，1964年也有两对符合描述的夫妇开着一辆黄色的轿车。因此，这到底是柯林斯夫妇有罪还是另外那对夫妇有罪，数学计算远远无法确认，这是需要现实证据调查的事实。

直到今天，当讨论到概率统计在法庭上的作用时，柯林斯案件还在专业书籍中作为案例出现。法官和陪审团越来越多地运用概率计算的方式证明自己的判决。20世纪80年代起，自从基因指纹参照进入法庭，如"错误概率0.01%"这样的记录证词就属于律师的日常了。

要正确解读统计数据，通常在法庭上还缺少必要的条件。统计不是律师的学习内容，陪审团成员们也无法正确解读统计数据。因此，过去在诉讼过程使用统计数据的证词一直饱受争议。一些人在此看到做出更准确、更客观判决的可能，而另一些人被禁止在法庭上使用统计数据的证词。对此法官解释说，统计对于许多人来说无法理解，也容易被操控，特别是在盎格鲁-撒克逊地区有陪审团法庭和相应的说服辩论术，独特的概率计算总是反复影响着判决结果。恰恰是极大或极小的概率使人忽略犯罪过程中隐含的逻辑问题。

在引起轰动的辛普森（O.J. Simpson）杀妻案中，法官和陪审团受到了统计数据的干扰。1994年,辛普森涉嫌杀害妻子及妻子的情人被提起诉讼。警察部侦探在辛普森家住处后门找到了几处血迹,这似乎成为诉讼过程中的关键转折。一名辩护者在法庭上陈述,根据DNA分析血迹来自除被告以外其他人的概率为1/570000000000。观看审判的大众一致认为,这一概率是证据链中的有力一环,以此走向会宣判辛普森有罪。

然而,实际情况是辛普森并不会因为DNA与血迹的概率一致就一定会被认作凶手。仅仅DNA概率一致并不能解释血迹是如何、为何、何时出现在现场的,更不能排除血液分析有误的可能。在辛普森案件中,一位实验室工作人员发声"每200份DNA分析中就有一份错误的认定报告"。被告方成功地使人们对"血迹来源"与"在犯罪现场"之间的强烈联系产生了怀疑。他们对统计的质问也由于许多的不解之惑使陪审团最后将辛普森无罪释放。

在德国和瑞士,目前还未出现有如此轰动影响的法庭审判。用统计概率来审判和定量罪行不属于这两个国家的司法条文,出现这样的情况也是有多方面原因的。一方面,德国没有陪审团制度,瑞士在2010~2011年间取消了陪审团制度。法庭上的双方不是要打动陪审团席上的外行人,而是必须说服最严谨专业的法官。另一方面，在这两个国家不是一贯如此坚定地使用直接原则。当调查结束入档时，法官在开始审判之前就要研读档案。相反，在美国和英国的直接诉讼程序中，在法庭审判时，法官和陪审团才会见到鉴定书。

但德国和瑞士的法官在判决时也脱离不了概率的制约。我们都知道确定某事是综合多方面的原因。如果他们权衡了证词和事实，到最后都要回归到对被告有罪或无罪的概率有多大。因为没有人被判处97%有罪，没有法官会把自己的怀疑归入一个百分数上，因此，也就没有统计上概率判决的讨论。

多大的怀疑概率可以让被告无罪释放？1%？2%还是5%？1%的怀疑概率看起来很微弱，但是，换算到判决上就意味着100名被判刑者中有1名要无辜坐牢。一个法律体系可以允许产生多少名无辜的被判决者？据相关统计表明，目前现存的许多法律体系并不完美。法官逃不开这个基本的两难境地，如果判决时对被告有罪持少量"理性的怀疑"，那么将一个有罪的人无罪释放的概率就提高了。相反，也会提高一个无辜的人被判刑的概率。

5.8 与数字打交道

在某医学院的急诊室里人头攒动、拥挤不堪。据调查显示，其中一半的病人都不需要来急诊室。很显然，人们在心脏病的相关症状上过于担心。密歇根大学的一个研究团队据此发展出一个创新的诊断过程——心脏预测仪，即医生们必须在一台专门的计算机中输入概率值，随即计算机会用一个复杂公式计算出一个临界值（临界值是指一个效应能够产生的最低值或最高值），病人如果达到这个临界值就会被转入急诊室，否则，则不用。其判断是根据一张表格，上面记录着出现心肌梗死不同症状的50个统计数值。

医生们不停地抱怨着这麻烦的过程，但相应的误诊率却在明显下降。研究者们对此感到骄傲，但出于谨慎还是做了反向检查，把表格和计算机拿走，得到的结果令人吃惊，诊断持续保持在改善后的水平。难道医生们有过目不忘的能力？医生们表示，他们实际上并没看懂这个表格。那么为什么他们的诊断结果还是得到了改善呢？研究者请教了教育研究学者格尔德·吉仁泽，吉仁泽给出了浅显易懂的答案：医生们被迫研究了不同症状的确切分布值和临床表现，这使他们的观察变得敏锐。他们现在对病症的轻重缓急有了非常清晰的判断。因此，医生们的诊断水平得以提升。

因此，我们可以得出一个结论，那就是往往我们直觉难以理解的问题在表达形式上能帮助我们极大地改善我们的日常决策。我们只需要知道，如何从中改善。丹尼尔·卡尼曼和阿莫斯·特韦尔斯基也是从这里开始了研究，他们构想了博弈论方面或盖然论[1]方面的明确测试情境，让受试者根据直觉做出反应，这样他们就能明确强调认知曲解和逻辑错误判断。

2002年，卡尼曼在与谢恩·弗雷德里克共同撰写的一篇文章中指出两种思维方式之间的高度联系（双过程模型）。人们可以通过两种完全不同的方式进行估计和决策。一种是日常启发式的"快速的、联想的、自动的和直觉式的方式"；另一种

---

[1] 盖然论是一种主张确定性是不可能的（特别在物理学和社会科学中），而盖然性就是支配信念和行动的理论。

是运用规则和计算的有意过程，而这种方式显然更慢、更花费精力。在面对较难或特别重要的决定时，应用行为心理学家马克斯·巴泽曼建议，为保险起见，两种思考方式都应该采用。

社会学家乌尔里希·贝克与1919年诺贝尔物理学奖获得者约翰尼斯·弗雷共同写道："人类拥有一个中间维度的世界。在这个世界里，我们可以用直觉很好地处理问题，它跨越了毫米到千米的宽度，包含着一秒到一年，让我们能很好地处理一克到一吨的问题，即使问题足够复杂也同样如此。带有些许变量的系统对我们来说通常是容易掌握的，除此之外的所有问题，都会给我们带来极大的理解障碍。"好消息是，在这个维度框架里，我们的日常思维是强大的，计算的变量不是这一日常思维的竞争者。通常来说，对于计算变量既不存在必要的信息，也没有足够的时间和精力。

然而，当我们在这一中间维度之外的区域活动或要对远程范围的问题做出决定时，就需要启用精确计算的帮助了。好比谁要花几亿欧元发射一个火星探测器，就不能在一个啤酒杯垫上做实验。此外，两人认为科学会帮助我们从日常理解中进一步成长："就像显微镜和天文望远镜能增强我们的观测能力一样，统计和系统性的可控实验能为我们的直觉建立一个全新的基础。"

作为一个成年公民，我们不能绕过概率论和统计的基础课程。教育学家格尔德·吉仁泽曾指出，在推广介绍概率论和统计方面还有许多地方需要改善。浅显的理解也包括在数字显示中看穿那些最常见的辩论诡计，对于日常生活来说，认识到应该何时按下直觉的暂停键是很重要的，何时打开计算机或求助于专家，都应该有非常明确的判断。

首先，必须从迷雾中找到大多数问题，在一团雾中只能隐约看到概况，即使认清问题有时也需要花费很多精力。问题究竟是什么？目标是什么？有哪些选项？然后就能更清楚地知道是否可用日常工具做出决定或者必须用更大的"枪炮"瞄准问题。

可惜，也正是启用精确的辅助工具，常常会引发更多的困惑。在此有一个基本规律，即不要犹豫不决！相关的事情或场景必须通过数字变得更清晰，不然就是某处出了问题。在此过程中需要确认眼前的资料产生的都是清晰易懂的关联，其中不会有参考标准的跳转基数变化，如果你想跟数字打交道，就必须在数字关联性上有所投入和维护。

5.9 不同角度的表述呈现

概率可以从0（不可能）到1（确定）的范围内出现，小数点后的数字会显示在这个范围的位置上。"0.5"意味着事件出现的可能性均等，比如，抛硬币时数字朝上与人脸朝上的概率一样。另外，在英语语境中，人们会用点来代替德语写法中的逗号（0.5），有时也会省略小数点前面的零，写成".5"。

同样的数值可用"分数"来表示，比如，1/2不仅可以表示"一半"的概率值，还可以表示预期的频率。如果能足够长时间地抛硬币，就会呈现出"每两次中的一次"的情况。这个分数同样也能很好地被解读为"两者之一"的机会。随后，把分母看作存在的可能性数字（人脸面和数字面），可以看到两者可能性是一样的。但是需要注意的是，在玩家的行话中，对命中率的称呼是"一比一"，期望结果的概率（硬币展示猜测的一面）与不期望结果（没有被猜测的一面）的概率大小是一样的。我们这里不断用到的口语中的"五五开"也是同样的意思,因为,我也可以将"1/2"或"0.5"描述为概率"50%"。

我们现在已经有三种不同的表达方式了,我们中的大多数人却只能很好地掌握少量分数及相应的百分比数值。如1/2、1/4、1/10、1/100、1/1000和小数。我们可以毫不费力地把数字换算为小数或百分数,这会让我们的心算变得更加容易。

1/8是多少百分数?

答案:12.5%

"八个人中的一个"这样的表述只有在一个八人小组里才最清楚。比如说,他们中的一人有严重的计算障碍或是误诊的牺牲者……

因此,格尔德·吉仁泽坚持要求从"该测试有87.5%的准确率""有12.5%的错误率"的这类表述转向大群组中频率分布的表述方式:"在10000名受试者中有1250人得到了错误的诊断。"这样表述相比"每八人中的一个"的表述要好。吉仁泽的建议是金玉良言,正因为它使人们一贯地坚持一个统一鲜明的参考标准。

传奇物理学家理查德·费曼在其专业领域发起了一个请求，这一请求多次被他人引用，那就是人们应该目标明确地尽力为物理定律找到各种呈现方式，即使这些呈现在数字上是完全等值的。寻找其他替代形式的表述使费曼发现了意料之外解答的可能性，从多种表达中，他需要选择一个重要的数字去呈现。

毫无疑问，在一个问题的分类、解释和定义阶段，寻找各种表达的可能性是一个很好的建议。在这一阶段，值得额外进行一轮思考，从另一个角度探索事物的概况。如果是在结束阶段要在行动选项之间做决定，恰恰适用相反的箴言——请别对比苹果和梨。不同场景或选项必须在一个有一贯相同标尺和参考基数的清晰框架下呈现，才能理性地在他们之间做出选择。

第 6 章
错综复杂的逻辑

你是否看到一个白色的三角形?

卡尼萨三角

　　意大利格式塔心理学家盖塔诺·卡尼萨发现，当我们的大脑要呈现眼前空白的解读时，大脑会构建出不存在的事物。

6.1 欢迎来到洛豪森市

假设你成为德国中部地区一座悠闲城市的市长,3700名居民中的大部分人都在这座城市的钟表厂工作。这家工厂是政府下属企业,你作为政府负责人可以深入地影响这座城市居民的生活起居。你的建设措施会涉及财政税收和建筑工程等领域,上级委托:"你的任务是在接下来的日子里负责城市的发展建设,具体该怎么操作是你要考虑的事情。"在这个宁静、美丽的地方,有餐馆、医院、学校、银行、火车站等,但前提是,这座城市即洛豪森市实际上并不存在。

实际上,这个项目是以心理学家迪特里希·多纳为核心的研究团队的一个计算机模拟程序。1979年,在班贝格大学用于研究在遇到复杂问题的情况下受试者的决策行为表现。一台超级计算机使程序得以运行,首次能在可控的条件下观察多个变量相互影响。这对提高工厂的广告预算和销售额会有什么影响？提高工资会促进居民消费吗？缓解市中心的交通运行会减少"在绿草地上"踩踏的情况出现吗？通过提高税收真的可以让更多的现金流入市政的金库吗？该研究的主要目的是为了能从细节上评测受试市长的应变能力和决策能力。

大学生们通过八次会议模拟了洛豪森市的10年发展计划。他们做出安排部署后得到了多张反馈统计表，图表上是其决定所带来的经济、文化、社会发展上的影响，其中包含失业者和购房者的人数、城市人均平均工资以及工厂的生产效率。其中，学校和休闲中心等基础设施比较完备，但城市的繁荣发展还依赖于工厂的运转。有人建议用提高税收用来增加城市的财政收入，但一些居民对此感到愤怒并离开了这座城市，如此一来，城市里就少了一些纳税人。当有人报告说市民局的工作拖沓怠慢，而工厂里有故障的机器日夜都在轰隆作响，这时候，你很难不去分心关注这些事情，但还是要把精力放在主要的事情上面。

研究者们坚持不懈地编写了约2000种变量，如此一来，洛豪森市市长的期望落空。他们以此宣告了问题解决研究新时代的到来。从颠倒图像、火柴算术和灌注难题过渡到了复杂、相互关联的状况，也就是我们每天都会遇到的状况。接下来还有很多模拟程序，如一个缝纫车间、一个燃料油贸易区、一家纺织厂、一间冷藏库等，此外，还有莫罗和塔纳兰两地的发展援助场景，任务是要让农业建设和对抗病疫同预期的人口增长和水资源限制保持协调一致。迪特里希·多纳把研究结果写进了《失败的逻辑》一书中，既内容有趣又富有教育意义。

关于复杂的系统特征以及对此大多数专断的处理方式，科学家们找到了什么呢？你会在接下来的内容中知晓。我们将再次看到一些熟知的内容，例如，自我高估、认知反省和指数增长的错误估计。此外，我们还会认识到决策者常见的一些新问题：弹道式行为、控制错觉、逃离行为等。

6.2 关于复杂系统

请你想象一下，你有这样一个消遣方式，即测试国际象棋进一步发展的形式：把棋子用橡皮筋绑在一起，每走一步，多个棋子会同时发生位置改变，自己的棋子和对方的棋子都会随之移动。确切来说，棋子会根据不明所以的规则移动。此外，棋子和棋盘的一部分装在一个你无法看到内部的盒子里，通过盒子的一个开关会有一些棋子随之发生改变。你认为最好不要去玩这个游戏吗？如果真能这样就好了。我们日常在面对生活中的大多数情况时，都会出现类似这个疯狂游戏的特征。这个游戏由德国心理学家迪特里希·多纳提出，目的是为了解释什么是复杂系统。

首先在于问题的范围，在延后髋关节手术的例子中，我们可以看到三种选项之间的选择会让我们在特定的情况下失去足够冷静的判断。我们无法纯粹从认知上战胜多于7种的变量，更不用说从200种果酱中做选择了，而在洛豪森市的模拟试验中有2000个变量，且就连这个也只是真实生活中一个人为的、一目了然的片段。

复杂系统的第二个特征是关联性。多纳用绑住棋子的橡皮筋非常形象地展示了这一点。如果变量不相互独立，那当移动一个棋子时就会改变整个棋局，这一点也是众所周知的。在工作上花更多的时间意味着为家庭付出的时间相应减少，更多的交货件数可以提高盈利，但同时也增加了库房的成本。为减轻交通和环境压力采取的措施，如限行、减速路拱、减负街道，都可能导致更多的排放、噪音和拥堵。无论是一个生态圈、一项技术设备还是一个市场环节，当一个系统产生了一种个体层面上无法预见或非预期的效应，专业人士就称其为涌现性[1]。

复杂系统的第三个特征是其活动力。当你在思考如何改善企业工作氛围时，你的员工们可能在别处求职或在计划家庭生育。财政数字在上下浮动，当地竞争对手在积极筹备一个动员员工的重要项目，一个有着精简合作性质的集团在考虑收购你

---

[1] 涌现性：通常是指多个要素组成系统后，出现了系统组成前单个要素所不具有的性质。

的公司，一个软件开发者在思索一个项目可合理减少1/3的工作岗位。棋盘中的兵、后、象在真实生活中可不会像在棋盘上的E6、B3和G8一样停留在原处，乖乖等着下一步的移动。

　　复杂系统的第四个特征是其不易明确性，这不全是系统本身的一个特性，而是从中反映出我们缺乏获取概况的能力。在这个过程中我们逐渐认识到自己思维的局限性，并通过一个普遍使用的观点来引导我们的思维。我们使用智能手机、计算机、电视，却丝毫不知其运行原理是什么。如果任何东西突然不运转了，我们就会束手无策。一个敦厚、老实的男人修理汽车发动机的时代已经过去了。在错综复杂的社会和经济关联中，有很多时候我们都在黑暗中摸索前行。我们似乎总能看到片段或特别显著的效应。当不同系统开始相互渗透，如舆论和传言或技术输入错误引起极大的股价波动，这个不透明性就到达了顶点，成为科幻电影的新素材。

　　复杂系统的第五个特征也是最后一个特征是目标多样性，这也是人们实际操作中出现的问题。如果一家企业想要实现盈利最大化并实现相应的社会价值与社会效应，在短期来看是非常困难的，能做到这一点的企业一定能获得全世界的褒奖。事实上，这样的目标大而不实，正如其他许多情况一样，人们不得不去权衡利弊、找到妥协办法然后再不断适应新情况和优先发展的事物。这让人在很多情况下也只能止步不前，甚至有时会让人成为无头苍蝇。

6.3 冷藏室、绵羊和鬣狗

1988年，乌特·莱歇尔特和迪特里希·多纳在实验开场白时说，"请你想象一下，你是一家超市的主管"。实验状况是冷藏室的自动调节器坏了，温度升高，货物面临腐坏的状况。在修理工到达之前，你必须手动调节制冷。但目前的问题是，调节转盘和温度计是分开的，因此不能调节到某一个温度，而是必须在调节转盘上向"冷"或"热"的方向转动。冷热调节范围在100摄氏度至零下100摄氏度之间，目标是一个稳定的制冷温度：4摄氏度，是否调节正确可以在温度计上读出来。

这个问题相对来说并不复杂，而是一个简单的电路控制问题，其作用是可在一个监视屏上呈现为图表。54名大学生用超过100个时间周期尝试拯救黄油和乳制品，但他们不知道的是温度升高的显示是延迟的，即会延迟3个时间周期。

这一现象对于地热和夜间回热炉的使用者来说是熟知的，但在此却明显将人置于巨大的困难当中。只有两个受试者成功地将房间温度稳定保持在所需的温度上，而其他人则来回旋转调节轮盘，看到温度指针也在"来回摆动"。在分钟时间周期内，乳制品交替遭遇了冰冻冲击和炎热的解冻。在实验场中那些苦恼的超市主管来回走动，在盲目过急的行为之后又陷入无所作为的焦虑阶段。这对超市来说并不是一个好现象。

同样与真实复杂情况相去甚远的是人们发现纽芬兰的猞猁与驯鹿之间，即肉食动物与猎物之间的直接交替关系。驯鹿生存得好，猞猁也就能吃饱并繁衍得多。猞猁的数量过多，驯鹿就会减少而猞猁就会饿死。对于食物链上的多数群体来说，都有繁衍和生存威胁的循环周期。因而在大多数生态圈中，肉食动物都不依赖于唯一一种猎物。因此，这个一目了然的循环呈现的是一个特例。

对于班贝格的决策研究者们来说，这个过程有两个要点值得研究。第一，它的特点是在特定的时间点上在两个群体中有飞跃式的增长或缩减，这就涉及经典的认知弱点——"指数增长"[1]。第二，两个群体之间存在一个清晰的交替作用。受试者们如何看待这样的问题？有趣的点在于方向的改变，一个群体的过量繁殖迫使其走向灭亡。这类方向的压倒式变化我们可见于经济体系的"颠覆"，如多年过度损耗身体后重要器官的衰竭，抑或是股市或房产市场上"泡沫"的"破灭"。很显然，当事人每次都会被这样发展的剧变程度影响。

为了探究这一现象的原因，班贝格研究者构想了一个极具异域风情的场景：克赛乐罗部落拥有一个大规模的绵羊群，仅获取足够的羊毛就能让他们制成最重要的交易品——自制地毯。而鬣狗数量的增多打破了这一田园生态的平衡。在此居住的手工艺人既不会宰掉绵羊，也不会猎捕在四周游荡的鬣狗。他们只能无所作为地看着不断演进的发展。这符合两条相互关联的曲线变化，肉食动物的数量在8个时间周期内为指数性增长（从450只到6000只）。绵羊数量在7个时间周期内从3000只减少到2000只，随后曲线陡然下降，到第9个时间周期绵羊的数量接近消亡。不出意料，鬣狗曲线也会在第8个周期改变趋

---

[1] 当一个量在一个既定的时间周期中，其百分比增长是一个常量时，这个量就显示出指数增长。

向、下行跌落。

与现实情况不同的是，在这个模拟场景中没有相邻部落、援助机构和专业猎手的干预，也不存在不同的解决办法作为选项，比如安排守卫巡逻或建筑栅栏防护，只存在猎物和捕猎者这两个相互影响的因素。受试者甚至被要求不能干涉和补救，他们只需要预测下一个时间周期将会有怎样的变化，只要他们给出预测就会立刻得到实际的数据反馈。这是最佳的实验条件。

接下来会怎么样呢？受试者们大胆预测了肉食动物的指数增长状况。结果反馈帮助他们完善了自己的直线型推断，使他们的预测能够与实际的曲线变化一致。然而，尽管鬣狗的食物目标发生了明显的缩减，但没人预测到鬣狗的死亡。当鬣狗的数量因大量死亡而减少到5000只时，部分实验者还预测鬣狗会增加到7000只。在短暂的困惑后，受试者们重新掌握了曲线的剧烈变化，这是一次曲线向下的变化。总的来说，如果不断用事实去检验预测，预测结果可能在短时间内与事件的真实情况大相径庭。这不一定是人们预测的那样，但更令人痛心的是方向的突然改变通常不会被人预见。

6.4 控制错觉和阴谋论

你是否曾经试过通过专注力影响骰子的结果？如果没有，你属于少数人。人们通常会以轻抛骰子来得到较小的数值，如果你想掷到数字五或者六就用力抛。彩票购买者坚信，如果他们自己填写彩券就会有更高的中奖概率。人们用自己的手从抽奖箱里扒出一张奖票，绝不愿意跟其他人交换。他们坚信，自己的手能磁铁般地把运气吸引过来。

我们大部分人都是理性的。我们都明白结果是由偶然以及固定的概率分布来决定的。我们中的很少人会真的认为心电感应是有用的。我们的愿望和依赖于偶然的行为之间到底有什么强有力的东西介入？1975年，心理学家艾伦·兰格用控制错觉定义了这一点。通过接下来几十年的研究表明，这是一种在日常生活、经济发展中都居支配地位的现象。

如果我们不能一览概况，确定有效的操作，我们就可能从理性文明上倒退几步，甚至可能会偏向神奇魔力、宗教仪式和其他。要是某一次被困在电梯里，就一定会经历过其他受困者用拍打、敲嵌板或频繁地按按钮来试图寻求救助。实际上，用这些方法并不能解决电力故障或电井上方机房故障的问题。

莱歇尔特与多纳冷藏室实验中那些超市主管，没能成功地通过适当操作200个测量单位的调节轮盘来控制温度。他们发展出了极度荒谬的行为准则，"23是个好数字！""100是个好的调节点，95是个不好的调节点！""可以交替调节出0、1、2、3！"或"转五度和转十度的作用是不同的。"调节器的转动与制冷系统的延迟反应之间的实际联系跌出了视线。正如游戏转盘桌边"极有把握的"获胜策略，当中依赖的是神秘的数列和行为指令。结论是就算期望中的成功未能到来，也不会怀疑到自己荒谬的理论。因为，有可能是没有足够执行那些复杂的过程。

同样的原理也出现在动物身上。20世纪20年代，美国心理学家伯尔赫斯·弗雷德里克·斯金纳借助以自己命名的斯金纳箱[1]研究了动物的学习行为。动物在经过若干次相同条件的重

---

[1] 斯金纳箱是心理学实验装置，该装置实际是对桑代克迷箱的改进，后被用于研究动物学习能力和自我刺激与合作行为等心理学研究。

复刺激后，形成了压杆取食的条件反射，它们会在亮灯或声音信号发生后去按压一个小杠杆来获取食物，从而获取食物作为奖励。

通过实验和论文，斯金纳并未完全赢得大众的信服。于是，他思考一个问题，如果把杠杆拿开，也就是如果受试动物与奖励之间不再有条件关联时会发生什么变化。斯金纳箱里的鸽子行为，与受困于电梯或在和不明确情况抗争时的我们一样。完全偶然掉落的食物，让鸽子将其与某种正在进行的行为联系起来，并由此做出相应的反应。斯金纳在观察他的箱子时，发现了这样的情景：一只鸽子在左后方的角落里执着地啄着，另一只则不停地晃来晃去，还有一只则一直在原地转圈。毫无疑问，它们都"坚信"通过这样的方式可以获取食物。

6.5 弹道式行为和逃离行为

一位洛豪森市的模拟市长花费了许多时间和精力计算一位普通退休人员的平均作用范围，因为他想在这一基础上为城市安装一个适用于老年人的电话亭，其能覆盖网络（当时还没有用上手机）。只可惜，他忽略了整体发展的趋势。你在企业中一定也遇到过这样的领导，他们在业务领域发展自己的个人能力，全身心地投入到该领域的工作当中，但企业整体发展却被搁置一旁，不被管控。

如果人们害怕面对自己的不足，那么委托授权可以在此基础上提供一个良好的出路。这里指的不是一个有效策略框架下的任务分配，而是把问题分配给其他人，将问题从自己的视线中移除出去。不出所料，如果最后总的结果有什么不妥也就随手有了合适的"替罪羊"。

在多纳团队的所有模拟实验中，那些完全不明白系统运行的参与者往往具有创造力,他们想到了所有可能用上的办法,为了是自己的无能不被发觉。他们专注在无伤大雅的小事上,不断改变操作领域,在各个领域中蜻蜓点水。他们得出了怪诞的理论,于是一些模拟市长相信,唯一成功的要素是一个有力的支点和轴心(旅游业、市民满意度、工人的团结度),而他们圆满的计划则会被恶意破坏(由其他受试者、研究人员、不配合的反对者们造成)。失败的受试者交出任务,然后将其从他们的记忆中抹去。然而有两件事他们没有做,即他们没有尝试获取有关这些复杂关系的一个总体概况;他们没有真正去观察自己的假设和措施在实践中的实施情况,他们的回避从根本上造成了总体的失败。

这样的行为完全不关注反馈,其出发点是为了获得"能力错觉"。迪特里希·多纳为这样的盲目且操之过急的行为找到了一个恰当的概括——弹道式行为(一颗炮弹一旦被射出,会自行随着物理法则在轨迹上移动,它准确的落地点只能大致预测)。也许这样毫不动摇地在轨道上行驶是一个很棒的感觉。但多纳严肃地说:"总的来说,可以确定一个准则,即行为不应是弹道式的。在一个只知道部分的情况中,人们应该能够随即调整。"

阻止对外界要求做出恰当反应的自我动力也能由群体发展出来。一个有着温暖集体色彩且过于容易妥协的氛围，一个带有严格等级和拒收其他意见的生硬腔调，总的来说，在复杂多变的情况中都不适于发展的有效策略。

在面对问题时，要不断思考直到找到最佳答案，其他可选的观点、有效的讨论和有创造性的逆向思考都是必需的。当群体规则和角色分布一成不变，当过多精力用于形成团结、忠诚或争吵时，其中的行为也会变成弹道式的。

6.6 明智地解决问题

有少数一类人是能够很好处理复杂系统的实验参与者。他们能用冷静的头脑和有效的干预让"猎物—狩猎者—数量"达到平衡，并能把模拟实验中的空调设备重新调节到稳定数值。他们没有在模拟的发展援助项目中颠倒世界，没有在悠闲宁静的洛豪森市罢工反抗，而是成功地掌握了复杂事物之间的相互关联，并实现了一些理性的想法，从而增加了"市民的幸福度"。其他人在找到规律之前会制造相当程度上的混乱，他们也选择了正确的措施并施了恰当的剂量。那么，人们如何能高效地处理复杂的问题呢？

心理学家汉斯-约阿希姆·科纳特在其关于解决思维问题的著作中概述了这个问题，即复杂性要求精简到核心根本，关键在于选择合适的解题水平以及抽象水平。人们在搬家时考虑搬运箱的标号和放置是有意义的。在大城市疏散密集人群时，就要更多地规划人员的流动和疏散顺序。与之相反，制造钟表时要依赖高度的精确度。

相互关联性要求建立模型，目的是为了理解根本要素的数量和它们交替依赖作用的程度和性质。图书馆里11名读者的行为与下半场11名足球运动员的行动相比更容易预测。你可以通过简单的尝试拼出一个有2000块碎片的拼图，对于一个单个零件少得多的技术仪器，你就需要一张严谨细致的图纸。

时间因素在各个活动中被计算在内。事件进程是指数型的吗？一个要素的增加会导致另一个要素的减少吗？预计会有方向上的改变吗？为了识别时间过程中的要素结构，需要有准确的观察、记录和呈现，因为在这方面直觉和相互关联性一致，常常让我们落入陷阱。

目标多样性要求侧重和权衡分散的目标。即当系统中不同的、可能相互排除的目标相互竞争时，一个对所有标准来说都是最佳的解决方案是不可能的。根本的措施通常在于首先弄清和具体化目标，比如将抽象的准则转化为具体的行动要求。

不透明性要求收集信息。如一个坏掉的冷藏室系统，在外行人看来它首先是个黑匣子，需要通过尝试和犯错尽力地探询其中的关联。其他系统我们能在用户的使用层面很好地理解。

但如果遇到运转故障或异常程序，可能就必须获取"深层结构"的知识。通常的情况是，我们在总体较好的信息库中缺乏特定的细节，因此，我们也需要历史相关事件的数据，预测后续的发展，进而填补这些空白。积极持续地收集信息，主要也收集我们的措施实际带来影响的信息，在这里是最根本的。

多纳这样描述了他在一次实验中一名成功的受试者："这个人非常安静地采取行动，用较长的时间进行观察。她的行动以相对微小的剂量而出众，但这个剂量明显是很合适的。受试者一开始就尽力去理解事件的过程。她的假设一直'以数据为指导'，只做少量概括。她记录下每次得到的数值，并尝试用这种方式把时间进程的信息转化为'空间信息'。"这是汉斯-约阿希姆·科纳特定义下的一个值得称赞的范例："解决问题的思维是为了填补行动中那些无法常规启用的空白。为此，人们会建立一个横跨初始状况和目标状况的思维代表模式。"

正如冯克所总结的，相对于大学新生，久经考验、有职业经验的专家在此具有优势。他们的出色在于，以深层特征为指导而非仅着眼于表面，对问题和解答具有较强的附带记忆，对信息进行有效编码，以及理解符号语义的关系能更好地激活记忆。一些专家具备专业知识，而另一些则依靠经验生活，比如熟悉类似任务和具备自我反省这一极其重要的能力。我的界限在哪里？我正在做什么？我的参与有什么效率？

以多纳为中心的相关研究显示，模拟实验的成功参与者们会更复杂地表述其措施。比如，他们把中心干预和侧面干预区分开来。此外，他们的表述更精确、更符合实际。比这一行为特性更令人惊讶的是另一结论，更有经验、更成功的受试者在尝试掌控系统时，会和自己对话。这虽然可能听起来很不可思议，但却显示他们形成了一个自己行动的反省陪同行为和模拟讨论。多纳察觉到："对自己思维无须指引的自动观察，可以达到一个对自己思维的显著改善效果。"

与普通人不同，这些问题解决者具备的能力被多纳称为操作性智能（详见后文附录）。我们没有专利配方在手，能以此一刀切地解决所有的问题。因为那些复杂情况各不相同："不存在一个常规的、总是可运用的规则，像魔法棒一样把所有的情况和不同种类的结构都搞定，"这位问题解决研究者如此总结道。"关键在于，思考正确的事并在正确的时刻用正确的方式推进，为此也许存在规则。但是这些规则是一种当下情况的规则，也就是与各种条件高度联系在一起的。"我们需要的是一切所具备能力和技能的投入使用,这种使用是明智的、自我反省的和适当的。此外,还需要果断的决策能力和修正决定的勇气。

6.7 不断更新基本印象

我们在日常生活中到底应该怎么做？我们对时间进程的察觉能力是否完善？当关联作用超过一个相当低的复杂程度时，我们往往无法准确预测。指数型过程基本上无法进入我们的脑海，我们的记忆是一个滤网，刚刚经历过的事情会不断地被淡忘。当我们试着使用辅助工具统计和计算概率时，又常常会偏离目标。如果不用辅助工具，我们就会专注于某单一因素，忽视我们不理解的事物，把剩下的思考放在一个简单的直线过程层面上。如此说来，也许并不那么糟糕？

想象一下奔跑着去接住棒球的运动员，他不需要解析概况并对飞行曲线进行计算，他只需要快速反应并采取行动，他必须专注奔跑并紧盯住球。取胜的关键在于，他要按照球的运动轨迹调整自己的运动方向。各种认知技巧将我们身边问题的复杂性大幅降低，使我们具备行为能力。为了能开始行动，刻板印象和适度简化的看法也许都有所帮助。但最重要的是，我们会持续不断地修正、调适我们的行为。

我们的整体思维就是这样运行。我们的视觉感知会突出边框和界线，补充主观想象的空白，把偏斜的事物拉直，把不合适的事物剔除，把重要的事物摆到眼前，且我们无须有意识的操作。因此，在本书开头谈到了对视觉误差的内省。我们绝不可能理解世界"本身"，而理解的总是我们大脑产生的一种内在反映。为什么会这样呢？因为，这些所谓人工的调配整理和对现实的理解，使我们在采取行动时可以识别出固定的形象和模式。我们能看到隐藏在灌木丛后的动物，我们夜晚也能预料到国道上的弯道，我们知道一个物体是大是小或一个人是高是低，也知道这个物体是在走远还是靠近。

这类根据我们需求形成的预结构，对视觉感知是很典型的。我们经历的是整个由行动者、行动对象、目标和因果关系组成的世界。因为这种方式的观察感知才可能让我们明智地行动。我们并没有沉没在混乱模糊和信息过量之中，相反，认知简化使我们可以对各种情况有基本的了解和判断。由基本判断出发，我们就能开始我们的行动。

多纳曾道："这个基本判断会带着记忆的信息被储存下来

并进行推断。通过这种方式,会形成接下来和长远未来中预先推断的预期水平。这一机制是非常原始和可靠的,而且在许多动物身上也有所体现。这种自发式的结构推断是一种古老、深入习惯的方法。它能很快地发挥作用。"我们放弃了认知的完整性、损失了精确度并容忍了"运营事故"的一定概率,但同时,也获得了独一无二的、能用行动去实践策略的办法。

多纳用一个市内公交车司机的例子清晰地阐释了这一方法在日常生活中发挥的作用:"一位经验丰富的司机,能娴熟地掌握城市里复杂的交通状况。他驾驶、刹车,并由于各种情况而操控汽车,如对路牌的察觉和快速判断、红绿灯、两辆停着的车之间突然走出来的路人、其他汽车司机的行为,等等。对各种感知和行动的快速调配,只能解释为司机在头脑中对整体情况有一个'图像',这个图像会不断地通过新的判断被调整和补充。基于这一图像,司机知道他必须何时、何地注意何事,必须看向何方,以及不必注意什么。对于司机来说,各种环境的图像和由此推断出的'预期水平'并不是由单个分离处理的部分组成。司机对整件事'有感觉',但他的行动是'出于直觉的'。"

6.8 吃一堑，长一智

实际上，存在着大量我们自动陷入的认知曲解和错觉。和视觉误差一样，此处的启蒙和理解也无法改变这些涉及的效应继续发挥作用。因此，错误的感知和错误的决定是事先输入在我们大脑的程序中的。但我们坚持，有一个独立的科学分支致力于研究这一现象。这类错觉对我们思维和行动受到的影响有很好的研究作用，其中主要涉及了一定数量的各种效应。从丹尼尔·卡尼曼和阿莫斯·特韦尔斯基到丹·艾瑞里的决策，专家们都不是宿命论者，他们一致认为，我们的非理性是可预见的，曲解因素也是可以事先预测的。

逻辑思维专家乌尔里希与约翰尼斯·弗雷提出，我们的行动不仅受到我们易受误导的感知影响，还会根据我们的认识判断影响。正如我们用显微镜、天文望远镜和成像过程帮助我们有限的视力一样，认知心理学家的知识适合将我们的决策能力提升到一个更高的水平。技术和科学的辅助工具并不能改变我们自然的限制，辅助工具的运用也隐藏着新的错误来源，但我们能够用它们达到明显的改善。

现在正是把认知研究者们的发现转化到现实决策过程中的时候了。基本的经验原则是，一个错误的后果越常见，所必须建立的安全措施等级就越高。因此，在航空或对肿瘤检查的X光片解读中，总是会安排两名专家共同处理一个任务，由此大大降低错误概率。所以在做转折性决定的时候也是如此，请你认真对待你的"判断"，并在信息收集上投入时间和精力，在面对反驳和风险的时候更要如此。可以邀请带有另一观察角度的第三人参与其中，如果在这之后计划看起来还是很有意义，就大胆放手去做。

尽管有一些不受欢迎的边缘效应，我们的直觉在大多情况下还是能发挥出色的效用。在多数常规行为中，直觉能引导我们穿过一个模糊不清的环境。此外，相关认知研究表明，经历能大幅改善我们的判断认知，理解认识能让我们"盲目"的行为变得更精准，更有目标。然而关于这部分，科学家们还在不断深入认知的道路上摸索。教育研究者格尔德·吉仁泽的提议为我们指明了研究方向。

日常生活中所涉及的，除了我们思维和感知的范围，还包括局限性和认知偏见。策略顾问爱德华·拉索和保罗·休梅克将之称为"元知识"。我们必须对自己的能力和认识进行提升，认识到我们的行为什么时候会受到影响，什么时候应该从"自由巡航模式"转换到"反省模式"，以及什么时候应该探寻外部的帮助。

问题解决专家迪特里希·多纳说："犯错是很重要的。错误是通往理解的一个必要过程。"此外，错误终究不可避免，我们应该经常纠正它。人们无论如何一定不能犯的错误就是，把自己与世隔绝地包裹在自己的认知错觉中，用假设和理论固封自己的观察角度，以及无视纠正和"不合适的"部分。

所有我们带入决策过程的限制和认知曲解，都不会绝对糟糕地产生影响，只要我们清醒地保持观察、检验、反省和调整，这其中包括灵活有创意地处理行动方式和内心防御机制的大量干预。根据情况会产生不同的方式和剂量力度，多纳称之为操作性智能。在这样的框架条件下，错误不会导致失败和不可挽救，而是会变成一个持续性学习过程的一部分，提高你的决策能力，让你可以更加明智地采取行动。

附录 A

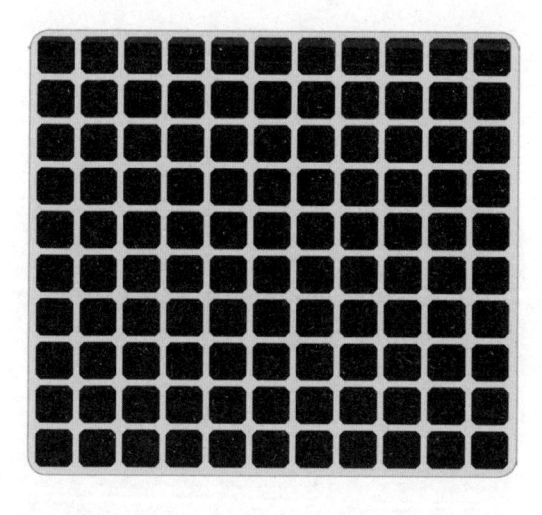

赫尔曼栅格错觉：网格交叉部分有深色的圆点吗？

赫尔曼栅格错觉

  当人们观察网格交叉点时，会有深色的圆点出现又消失。1870年，德国心理学家卢迪马尔·赫尔曼发现了这一现象。

马克斯·巴泽曼的对照清单

◎ 我们高估了大部分显著的、被公开事件的频率。

◎ 我们在问题解决的过程中,过多受所得信息顺序的影响。

◎ 我们将焦点放在直接结果上,几乎不关心我们决定的间接结果。

◎ 当问题超越了我们的认知或经验范围,我们很难为其构建方案。

◎ 当我们寻找信息时,我们愿意发现那些预期内的事物。

◎ 当我们评估信息时,我们会使用不同的评判标准。

◎ 一旦我们形成了观念,就很难改变。当我们得到足以改变观念的新信息时,还是会倾向于持有之前固有的观念。

◎ 我们高估了基于较小数据基础的论点。

◎ 我们经常按照一个固定的锚去展望预期,而不去追问这个锚的可靠性。

◎ 我们评价一个可能损失风险的方式，与评价一个盈利可能性的方式不同。

◎ 我们高估了事情好转的微弱概率，也低估了事情挫败的概率。

◎ 我们时常忘记，预期成本出现的概率与预期营业额出现的概率并不相同。

◎ 我们受制于控制错觉。

◎ 我们经常在表达含糊的、无经验支持的和未经查证的观点基础上做决定。

◎ 面对自己的观点，我们会发展出一定的盲目性。

◎ 我们中的大多数人在数学、逻辑、统计和概率计算方面并非十分擅长。

◎ 我们倾向于屈从错觉。

◎ 我们对自己的精神过程有很少的关注。

◎ 我们过于相信自己的认知和找到理由的能力。

◎ 我们的感知是有选择性的，是通过调节（这由过去的经历和经验形成）而产生的，受信仰和心理预期的影响。

◎ 我们的理解力是有限的，我们的视觉理解很微弱。

我们的记忆也是有选择性的,它会尝试达成有意义的结果。我们的记忆与时间序列有关,比如,与我们经验的新旧程度有关。

◎ 我们记得自己愿意记得的事情,选择性忘记想要忘记的事情。

◎ 我们倾向于将认同的事情视为客观的。其余事情会很快被我们视为不客观的、错误的或者无效的。

◎ 我们受制于恶性增资[1]。如果我们已经做出了错误决定,还会继续做下去,因为我们想坚持决定或忠于自己。

◎ 对于能实际支持我们决定的参考模型,我们只有一个有限的印象。

◎ 我们想象中自己会做出更好的决定,实则不然。

◎ 我们对信息进行一次强劲的过滤,而过滤的标准是:没有坏消息。

◎ 当科学论述或科学方法对我们适用并能证实我们的决定

---

[1] 恶性增资:是指当一项投资项目自己投入了大量资源(产生了不可挽回的沉淀成本)且前景堪忧时,企业决策者并没有果断终止,而是继续增加投资,从而造成更严重的损失。

时，我们就愿意使用这些论述或方法。

◎ 我们时常会得出错误的结论。

迪特里希·多纳的对照清单

◎ 弄清自己的目标,同时也要有勇气着手行动。

◎ 在目标之间做出选择!不要试图同时实现所有目标,有些目标之间可能会相互矛盾。

◎ 找到重点,并准备好改变重点。

◎ 建立一种情况模型,并预见措施的相关影响和长远影响。

◎ 建立模型时调整抽象程度,避免普遍化、避免聚焦细节部分和简化到主观认为的中心单个因素。

◎ 在收集信息时,找到适合自己的解决方式,既不过于细致也不过于粗糙,放眼全局并不锱铢必较。

◎ 把信息和假设与实际要求联系起来,无用的和不使用的认知会成为阻碍。

◎ 反省自己的行为,避免过急行动、使用单一热衷的方法、逃避责任、形成定规和弹道式行为。保持尝试行动和着手开始的勇气！

◎ 认识到时间进程和事态发展，通过草图阐释说明，考虑到延迟的反应。

◎ 专注跟踪自己的行为，对其批判性地观察，分析错误并从中学习。

◎ 考虑到相关影响的出现。在复杂系统中不可能只做一件事，人总是同时被多个事件影响。

◎ 有必要的话，在抽象理解和分析理解之间，在前进或后退计划与其他可能方式之间来回转换。

斑马谜题答案

谜面各条件分布如下:

房子	1	2	3	4	5
颜色	黄色	蓝色	红色	白色	绿色
国籍	挪威	乌克兰	英国	西班牙	日本
饮品	水	茶	牛奶	橙汁	咖啡
巧克力品牌	好时	德芙	Godiva	Amovo	Hamlet
宠物	狐狸	马	蜗牛	狗	斑马

谜题可能还有其他的解答。此外,"无人有斑马"是一个有效答案,因为前提并没有说剩下的宠物一定是斑马。

赤道圈答案

根据圆周的计算方式推导出答案：

$C = r \times 2 \times \pi$

加入1米，即为：

$C + 1m = (r + rx) \times 2 \times \pi$

解开等于：

$C + 1m = r \times 2 \times \pi + rx \times 2 \times \pi$

因此：$rx = \dfrac{1m}{2 \times \pi}$

$rx = \dfrac{1m}{6.28}$，也就是约16cm。

致谢

在此，由衷感谢克里斯蒂安·威勒从始至终全力支持本书项目，从策划上、形式上给予支持，并给予很多建设性的意见与反馈。在起初的草稿中，他给予了系统化的建议，并为该想法进行必要支持，在此非常感谢！

同样，非常感谢我的读者们，在过去几年的几百场讲座中，我通常使用各种不同的思维陷阱测验来测试他们。在本书中，选取收录了成功经受测试的那些实验和思维训练任务，希望你们能够喜欢。